本项目由"北京未来城市设计高精尖创新中心
——城市设计理论方法体系研究"资助 项目编号 UDC201610100
由国家自然科学基金项目
"基于建筑类型学的北京城市街道类型划分及要素作用研究"资助 项目编号 51708320

城市设计
作为手艺

URBAN DESIGN AS CRAFT

〔瑞士〕维多里奥·马尼亚戈·兰普尼亚尼 著

Vittorio Magnago Lampugnani

陈瑾羲 编译

商务印书馆
The Commercial Press

本项目由"北京未来城市设计高精尖创新中心
　　　　——城市设计理论方法体系研究"资助
项目编号 UDC201610100
由国家自然科学基金青年科学基金项目"基于建筑类型学的北京城市街道
类型划分及要素作用研究"资助
项目编号 51708320

Vittorio Magnago Lampugnani

URBAN DESIGN AS CRAFT: SIXTEEN CONVERSATIONS AND
SIXTEEN PROJECTS 1999-2011

11 conversations are translated according to the English version published by gta

Verlag in 2015. 5 more recent ones have been added, mostly from

Swiss newspapers and journals, in order to broaden

the topics of this book and to make it more actual.

编译者前言

　　《城市设计作为手艺》一书，编译了维多里奥·马尼亚戈·兰普尼亚尼 16 篇关于城市的文章和 16 个城市设计实践项目。文章以对谈的方式，深入浅出地探讨了现代城市面临的若干问题、未来展望，以及好的城市标准为何。项目则以图解的方式，进一步解释了他的观点。

　　上述议题与我们的日常生活息息相关。中国城镇化率已经突破 60%，我们中的大多数人生活在城市之中。我们居住在公寓里，每天出门上班，依靠公共交通通勤，在街道上散步，到咖啡馆里会友，到商场去购物，到公园里休闲娱乐。承载上述活动的场所，分布在城市各处，由城市设计和城市规划精心组织。它们相互关联，与人的活动，共同构成了一个城市体，形成了鲜活的城市意象，并产生了独特的城市文化。比如北京、上海、纽约、苏黎世，它们各不相同，但都引人入胜。

　　但城市生活并非总是令人愉悦。在 1919 年 2 月 20—23 日的

《晨报》上，李大钊连载了《青年与农村》一文，批评城市"有
很多罪恶"，"都市的生活，黑暗一方面多；都市的空气污浊"。
100年后的今天，这些问题并未得到缓解。与之相反，城市快速
扩张，千城一面，乡村土地被蚕食，通勤距离过长，消费主义
主导等，当代城市的问题似乎更多。

在城市设计、城市规划和建筑领域，上述问题及其可能的
解决对策已有大量的讨论和争论，也有许多付诸实践。兰普尼
亚尼的研究和实践，是其中的重要一派。作为城市设计史学家，
他提倡向历史学习，避免我们"以一种过分不批判的方式看待
今天"，并能从历史中吸取教训，避免"碾压式的前进造成碾压
式的后退"。更为重要的是，城市设计已经存在了3000多年，
《周礼·考工记》中的都城规制、古希腊希波达莫斯的格网规划
在今天仍有价值。需要向历史学习城市设计的法则，完全没有
必要再去重新发明。但兰普尼亚尼也不是复古主义者。他反对
复制历史城市的假古董，甚至批评某些被过度保护的旧城中心
"像博物馆那样被封存起来，已经变得毫无生气"。他所倡导的，
是对历史传承下来的系统法则的继承和转译运用。它们是一门
学科的基础，即"城市设计作为手艺"的涵义。

作为中国读者阅读《城市设计作为手艺》，也要带着同样的
视角。尽管书中讨论的多是欧洲城市的问题，有些与中国类似、
有些则不同。比如购物中心、主题乐园等设施都攫取了原本属
于街道和城市广场的活力，但欧洲城郊独户住宅的蔓延问题在
中国尚不突出，我们城市中的单位大院和封闭小区等对城市空

间和生活造成决定性影响的独特元素，在欧洲几乎没有。因此，书中兰普尼亚尼的观点、设计实践方案，形成于他所在的特定语境，为我们提供了一种参照。应该学习他从历史中继承法则的方法，观点与设计实践相互印证的做法，但不必照搬结论。对待其他西方理论，无论是当下流行的还是过去的，亦应如此。

《城市设计作为手艺》讨论了与我们日常生活息息相关的城市议题，既理性又人本地描绘了城市的未来，并展示了作者对城市的强大信心。书中观点对专业读者多有启发，访谈的形式深入浅出，也适于大众读者。

本书的编译，首先要感谢兰普尼亚尼教授的授权和支持。2012—2013 年我到苏黎世联邦理工学院建筑系（D Arch, ETHZ）城市设计教席参加研究和教学工作。正是在兰普尼亚尼教授的团队里，我了解了他在城市设计领域的工作，他的研究、设计实践和所持的观点。回到清华任教后，我们一直保持着学术联系。本书对我的启发让我萌生了编译的想法，过程中又多次得到教授的指点，并无私地提供资料。还要感谢尚晋、严维将对本书细致的校对工作，他们对译自英、德双语的本书文字提供了许多宝贵建议。感谢杜非、任赟老师对本书的支持和付出，没有她们，本书不可能面世。感谢金秋野教授资助本书出版。感谢雷博文参与本书工作。感谢家人对我工作学习的长期支持！

2021 年 1 月 27 日星期三 于北京

目　录

前　言

　　当代城市的问题越严重，关于它的争论就会越激烈。几乎没有一个礼拜，没有一份报纸、一个电视节目或是一本新书不在讨论我们城市文化的日益衰落——何况自始至终，文化还在乐以忘忧地持续衰落。也许可以臆测其原因：究竟是城市的当下危机状态引发了广泛的争论，还是我们浪费了过多时间讨论城市品质，以至于忘记了城市的本质为何——就像克莱斯特（Heinrich von Kleist）的《木偶剧院》（*Puppet Theatre*）中受驯的熊一样忘记了如何筑篱？不管是哪种，有益之争有其必要，由此产生了这本关于当代城市问题的讨论之书。

　　本书无法提供任何解释——但希望能够缓解局面。它至少尝试在关于当代城市建筑的辩论中，采取一个清晰的——但可能绝非毫无争议的——立场。它不仅尝试从建筑的角度论证观点，也尝试采用社会的。它将判断留给读者，究竟所采取的观点以及展示的讨论，能否让有时似乎被笼罩在其自身的模糊性之中的城市讨论困局更加清晰。

　　书中关于当代城市的见解来自于我对欧洲城市的了解（以及我在那里的工作经历和经验）。其中多少能被转译到中国城市呢？它们根植于不同的文化，具有不同的历史，它们的规模和尺度通常难以类比，蕴于其中的生活方式也差异很大。以一个西方观点来看，这是外国的。但是欧洲城市本身也源于各种文化，它们各自的历史非常具体，规模各不相同，使用方式看起来也越来越难以预测。并且，当代城市主义面临的基本挑战和问题在全世界是相同的：与环境相容的高密度化，绅士化现象的控制，都市蔓延的控制，生态平衡，生活品质，以及对公共领域的捍卫。

　　本书关于城市建筑的对话发生于过去 20 年的不同时间。它们原本是出于不同原因的访谈，但都围绕一些相同的主题展开。访谈的形式帮助我简短地（希望）也是清晰地形成我的想法——大多数问题都非常睿智，以至于答案也很难分拙劣。在此我想向采访者表示由衷感谢，感谢他们启发性的建议，他们的工作以及允许访谈（绝大多数以实质性修改的形式）重新发表。

　　文中所配插图也来自于过去 20 年间完成的实践项目。它们是经过挑选的有代表性的城市设计方案，其中一些已经建成，大部分尚未实施。相当一部分原先是竞赛方案，但未获得评委意见的足够认可。它们为访谈对话中阐释（但还不够充分论证）的设计法则，提供了一些可能实施方式的范例。在此我也感谢相关的客户和开发方的支持和信任。

如果没有陈瑾羲的提议、支持和工作，本书是不可能面世的。在此由衷地向她致以最高谢意。

维多里奥·马尼亚戈·兰普尼亚尼

2017 年 8 月

苏黎世

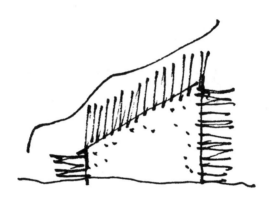

第一章　建筑与持久

Building and enduring

• 1986 年，您出版了一本名为《建筑作为文化：概念与形式》[*]的书。建筑能否成为文化呢？

　　文化是一个包含物质、社会和智识生活等每一种表现形式的总和——当然也包括建筑。建筑是其中一部分，因为它们是人为的产物——即它们是物质的。建筑是其中一部分，因为它们也是社会的表达。建筑是其中一部分，尤其因为它们代表了社会所宣称的智识价值。**建筑就是文化。**

---

[*]　Vittorio Magnago Lampugnani, *Architektur als Kultur. Die Ideen und die Formen. Aufsätze 1970-1985*. Cologne 1986.

•《永恒的现代性：关于城市的论文选集》*是您另外一本获得极大关注的书。您能谈谈这是关于什么的吗？

它主要是关于现代这个概念的。这个概念的正统阐释，从20世纪20年代以后到战后时期一直占据主导地位，已经进入了危机阶段——在建筑和城市规划领域尤其如此。然而不管是后现代主义还是解构主义都没能证明它们是真正的替代选择，因为它们都没有触及危机的根本。一旦你涉足它的根本，就无法避免重新定义现代——不是通过抛弃其人文和社会的主张，而是通过自下而上地重新思考它的社会、科技、功能和美学目标。

如果我们赖以生存（并与之共存）的自然资源能够完全恰当地予以分配而没有任何浪费，那么可获得的技术就应该以一种不会对已经受到严重威胁的生态平衡产生更多影响的方式得到使用。我们应该调整我们的欲望和需求，尽可能少地消耗，仅仅产

---

*　Vittorio Magnago Lampugnani, *Die Modernität des Dauerhaften: Essays zu Stadt, Architektur und Design*. Berlin 1998. Italian edition: Modernità e durata: proposte per unateoria del progetto. Geneva 1999.

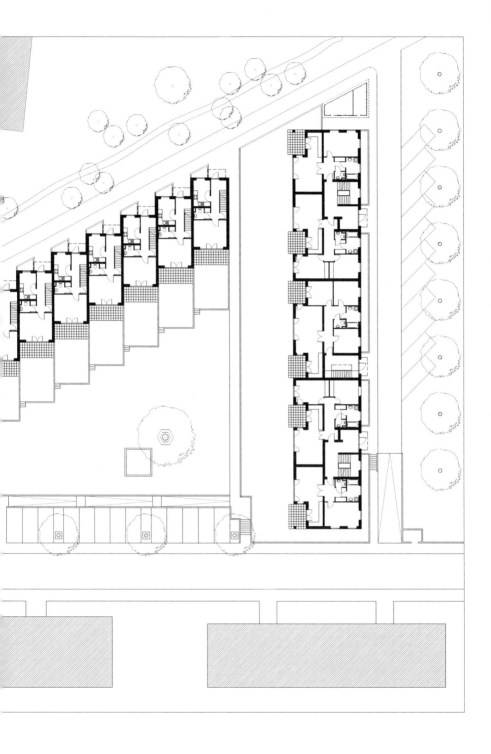

出确实必要的东西。并且即使处在急速剧变时期，当涉及那些（对建筑和城市规划的）要求时，我们也要保持我们的价值体系。我从对建筑和城市规划的那些要求中得出的结论就是，持久性的**核心准则——与贸然挥霍资源带来的粗制滥造和肤浅娱乐的图像轰炸对抗。对于眼花缭乱的表象，我不仅觉得肤浅还觉得危险，我所恳请的，是深思熟虑的包含实质内容的克制与简洁。**

在我们这样的时代——为了新奇而寻求新奇，浪费物质资源而不是更多地去创造智力资源——也许最大的刺激实际上来自于我们认为是理所应当的现象，看起来已经像是日常生活惯例的那一部分，然而真正的"先锋"无惧以一种不预设立场的方式重新审视它的宣言。

- *这种理论上的出发点已经给您招致了一些批评。*

对我而言，看到有多少精力被花费在批评我的立场上，其实挺有趣的，但却没有多少努力用于发展和呈现另外一种不同的立场——就我而言，甚至可以是一个有力的反对立场。当然，

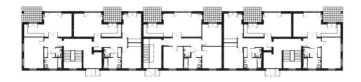

我不能肯定我所提倡的将来必能经受时间的考验。但我确信的是，如果不发生什么的话——没有社会危机，没有经济危机，没有生态危机，也没有电子媒体革命，建筑学将不能继续前行。我相信，如果我们想要在讨论中取得任何进展，我们就需要表明清晰的立场和观点，并且让它们相互比较。然而与之相悖的是，那些不断作出的努力尝试，仍在搞清我的主张到底是进步的还是退步的。**我不认为回顾过去实际上有任何的倒退之处，除此事实以外，在我们今天这样的处境下，回顾过去反而有助于产生进步且并非表面的形式**——我们应该问的问题不是这些，而应该是更具体的问题。核心问题是：我们需要建造什么样的空间，使人们能在其中很好地生活？我无意支持简单的民粹主义，但是我们永远不能丢失关于建筑最初目的的认识，这在今天也仍然适用：为尽可能多的人提供一个家园。

• 您是否觉得建筑学的危机反映了社会的普遍危机？

说得好，有意思的建筑一直与社会因素密不可分，并且向

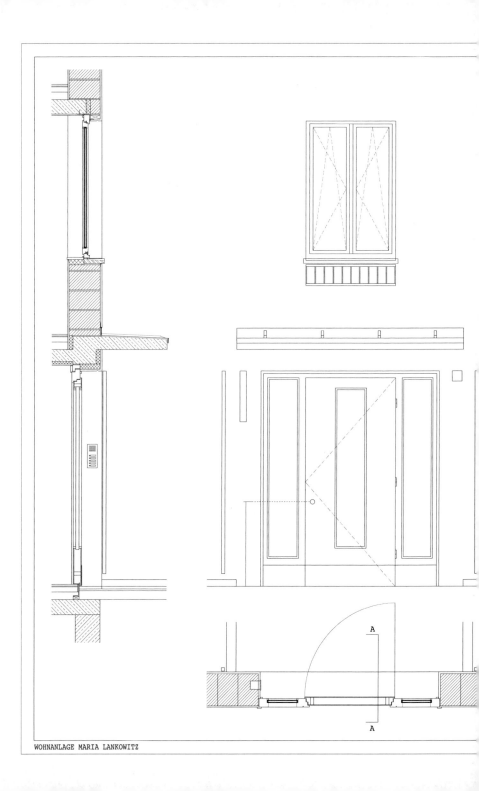

WOHNANLAGE MARIA LANKOWITZ

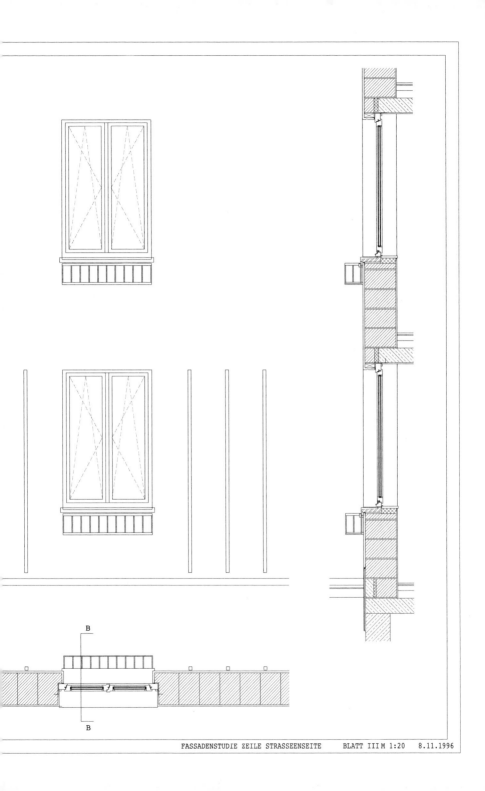

来是对社会中出现的问题的一种回应。如果社会处于危机之中，那么建筑学也不可避免地面临危机。今日社会的一个重要问题是它的碎片化。**个人主义存在于每一种获得自我认知的努力背后，以使个人的品质得到价值——这种个人主义曾赋予现代思想伟大之处——却已经突然变成了自我中心主义。**这破坏了人们在个体关系中互信互赖的特征，以及他们参与公共事务的方式。很少还有什么社会习俗——所剩下的只有与众不同的强迫感和必须成为独特个体的要求。从终极层面上讲，这样的自我中心主义当然是从启蒙运动中得出的结论之一。然而这是一个错误的结论——因为虽然今天的自我中心主义能被描述成或多或少代表了那个时代（启蒙运动）对自我迷恋的高潮，但启蒙运动同时也教会我们，**自我只能在与他人的对话以及在共同的认识和价值的背景下得到发展。**这些共同的认识和价值同样也构成了建筑学的基础。建筑学不能得到革新，除非社会也得到革新。或者至少是革新社会的一个方面得到了发展，它的建筑面貌才会被勾勒出来。

• 建筑师的角色在今天似乎变得越来越不清晰。

　　建筑师的角色同样处在一种危机状态，与建筑学自身完全一样。鉴于每个领域正在发生的专业化进步，建筑师唯一的希望是回归作为通才的使命，继续或者重新成为那个能够掌握各个方面发展的人，能将来自各个专业的不同贡献整合在一起，以使最终成果是一个真正意义上（genuine）的项目，而不仅仅是所有组成元素的加法总和。就建筑师目前已有的工作方式而言，他们会越来越多地成为一个能够使用计算机的工匠。优秀的匠人从来不用过时的方法工作，他们总能使用最新和最好的技术和工具。**现代的匠人——建筑师当然要使用计算机。但与此同时，他仍然要用卡板制作模型，并用铅笔在纸上绘图。**

• 您如何设想建筑学的未来？

　　汉斯·赛德尔迈尔（Hans Sedlmayr）在 1948 年出版了一本

书《危机中的艺术：失落的中心》[1]，其副标题为评论当代文化提供了一个符合战后中欧情绪的口号。这本书诊断了旧欧洲自法国大革命前夕就已解体的方式。赛德尔迈尔相信，自从事物的秩序不再建立在信仰之上，而是开始建立在理性之上，艺术就成为可以从事实中剥离的事物。尽管我敬佩赛德尔迈尔的敏锐以及他面对不同风格的杂乱无章时的坚持，我自己的结论则与他截然相反。**艺术（以及相应的建筑）只能基于理性来重新回应事实，而不是基于情绪。**

• 对您而言，每个设计都是基于理性法则的建构。但与此同时，它也是一个创新。您如何协调这两个方面？

尽管建筑需要延续性并且必须遵循严格的法则，而且尽管人类的需求在建筑方面随着时间的推移并没有什么本质的变

1　《危机中的艺术：失落的中心》(*Verlust der Mitte: Die bildende Kunst des 19. und 20. Jahrhundertsals Symptom und Symbol der Zeit*)，作者汉斯·赛德尔迈尔（Hans Sedlmayr，1896—1984），奥地利艺术史学家。——译者注

化，但这并不意味着特定的建筑形式或是类型就能被简单地复制。你总是需要不断调整这些建筑的形式或是类型来适应不断更新的情况——这就需要创新。但另一方面，创新绝不只是因为这样做很聪明或是做点新东西挺有趣，就在每个项目中都要强调；创新必须是一种必要。我并不反对创造性——恰恰相反：**研究、发明和实验是建筑作为文化的重要方面**。但我更倾向于**让创造性的工作专注在切实必要的地方**，在建筑学需要的地方。

• 除了审美方面，建筑项目是否还具有社会和伦理的维度？

建筑学从来没有过改变社会的力量。在文艺复兴时期，教皇尼古拉五世（Pope Nicholas V）曾认为，创造足够宏伟的建筑环境会让人们笃信教会。在我看来，这是远远超出了建筑学曾经或者现在能够实现什么的一个梦想。维克多·雨果从某种程度上来说也许是正确的，他曾预言书籍会使建筑的交流功能变得多余。即便是在 16 世纪，建筑就已经开始失去它的一些社会力量，因为它失去了曾经的垄断地位——在社会交往方面的。今天我们处于一种类似的情形。新的通信媒体会接管更多曾经属于建筑的功能。但这不在任何方面意味着建筑会被边缘化，或者甚至变得不必要。

• 与传统和本地的联系如何在"全球村"中保存下来呢？

当下确实有一种朝着标准化方向发展的趋势。比方说，所有机场看起来都差不多，因为在各个地方机场所要满足的功能都是相同的，用来建造的部件也都一样是工业化制造的，不管是在米兰、苏黎世或是东京。工业化时代在整个市场上提供相同产品的同质倾向，不可避免地也会影响建筑。但这反映了技术的一个相对初级阶段——这个阶段早已过去。今天的技术已经毫无疑问能够制造高度差异化的组件。因此，**应该提出的问题不再是哪些可以实现，而是我们基于这些可能性想做什么？** 这不再是一个经济或者技术问题，而是一个文化和政治问题：我们是否想要所有世界都是一样的，还是我们想要保护、珍惜和传承我们所拥有的文化差异的珍宝？这就快速厘清了问题：我们并不想要每个机场看起来都一样——它们不是马克·奥吉（Marc Augé）所描述的"非场所"[1]；相反，它们应该具有自己的特点。使用最先进的技术和工业设施，会使独特的场所、独特的建筑和独特的城市再次出现变的可能。

• 当下在艺术与建筑之间有着明显的联系和交叉。

前卫艺术（Avant-garde art）正越来越多地回到原始、简单、古老的主题上。艺术在许多地方都为建筑指明了方向。可能是因为艺术家在社会中的特殊地位，他们少有偏见且颇具勇气，使他们能够认识到对未来有希望的解决办法是根植于过去世界的，并且必须从根本上与人类息息相关。

1　《非场所：超现代人类学入门》（*Non-places: Introduction of an Anthropology of Supermodernity*），作者马克·奥吉（Marc Augé，1935— ），法国人类学家。——译者注

• 符合您理念的建筑是什么样的？

　　它们各种各样，但都是简洁的。**我认可的建筑不是一个基于预设的形式概念或是自我放纵的戏剧效果。它凝结了大量关于形式的思考，也许最终看起来是一个简洁的外观，但仍然包含了产生它的复杂性。**如果在当下优秀建筑师们设计的高度多样化的作品中存在一个共同的要素，那就是如下这条法则：**将所有影响设计的各种条件都考虑到，思考并且回应它们，直至获得最大程度的复杂性——然后将它们融为一体。**我认为这是一个充分的、当下的设计策略。

　　当然，就像任何一种类型的文化成果一样，即便是那样的建筑，仍然存在风险最终变异成为一种风格、一种极简主义的审美、一种时尚。不是只有极尽奢华才叫炫耀——简洁之中亦有彰显。

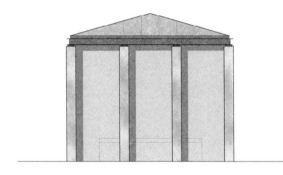

第二章　智慧的平凡

Intelligent banality

• 您赞成稳定和持久的建筑？

我认为从经济、生态和文化的角度考虑，我们无法再负担建造 10 年、20 年或者 30 年后将要被拆掉的短暂存在的房子，然后由新的房子取代。这是对金钱、工作和能源的消耗，并产生了不必要的浪费。此外，建筑的最重要目的是创造稳定的场所，让它可以被识别，在那里人们感觉像家一样。

• 在您看来，设计师不是一个艺术家，而是一个工匠人。

在我们的专业（建筑学）中，相比我认为的艺术家——通常是自封的，只要有人允许就会在各处留下自己的印记——我更喜欢匠人，他们仍然愿意在项目中花费精力、时间和知识，这样才能对一种本土性、一项计划和一个文化环境的特殊品质作出回应。我不是指手艺中采用制造技术或传统方法的那一方面，而是手艺在意大利语单词 mestiere 中的意义：**作为传承下来的一个系统的法则，是一门学科的基础。**

• 您的出发点是不是相当的"往后看"？

我们应当尽可能地了解过去，才能从已经发现和获得的一切中受益——当然也从过去的错误中吸取教训。然而正如雅克-弗朗索瓦·布隆代尔[1]所写，"前人可以教会我们思考，但我们

1　雅克-弗朗索瓦·布隆代尔（Jacques-François Blondel，1705—1774），法兰西建筑师、建筑教育家。——译者注

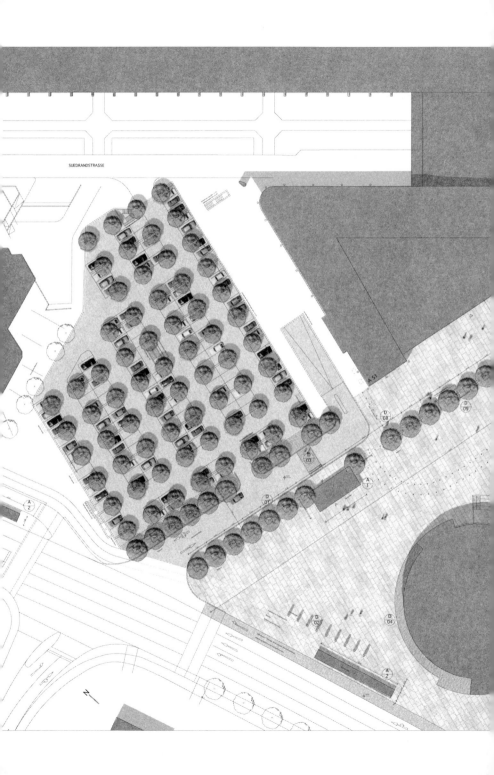

SUEDRANDSTRASSE

D T2

D T3

D 10

D 11

S 30 Audi Center

D 07

D 05

A 4

D 06

Restaurant

Fn Neumann

千万不能和他们一样思考。"还有卡尔·弗里德里希·申克尔[1]也这样认为，历史仅仅是学校："今天的形式只能在今天诞生。"我不认为回顾过去就是复古。**回顾过去可以避免我们以一种过分不批判的方式看待今天。**

• 我不是指复古，而是指一种保守的出发点。

　　对我而言，如果建筑只是接受并满足社会的价值和条件，而没有抵制，没有反思，没有抗议，就是一种负面意义上的保守。我们至少已经从麦克斯·霍克海默[2]和狄奥多·阿多诺[3]的《启蒙辩证法》（*Dialektik der Aufklärung*）中学到，**碾压式前进的代价是碾压式的倒退。**

1　卡尔·弗里德里希·申克尔（Karl Friedrich Schinkel，1781—1841），普鲁士建筑师，城市规划师及画家。——译者注

2　麦克斯·霍克海默（Max Horkheimer，1895—1973），德国哲学家，法兰克福学派的创始人之一。——译者注

3　狄奥多·阿多诺（Theodor Ludwig Wiesengrund Adorno，1903—1969），德国社会学家，法兰克福学派的成员之一。——译者注

• 哪些法则适用于当下建筑呢？

为了我们彼此之间可以交流，我们采用了**基于法则的一套语言**。当然，语言随着时间发展和变化，但它是基于传统的。如果我们要完全自由地表达自己，没有任何语法，我们将完全不能听懂彼此。对建筑而言几无差别。

• 您提出过"智慧的平凡"，您使用该词的方式可能被人误解。

我所提倡的是平凡的必要性，相对于对原创性的普遍盲目崇拜，**我反对为了创新而追求创新**。然而我确实对愚蠢的平凡和智慧的平凡做了区分。我不是在任何意义上反对创新，恰恰相反。我只是倾向在有用和必要的地方重点进行创造性的工作。**数个世纪以来，建筑的演变是基于细小、细致和精准发展的细部之上的**。

古希腊和古罗马建筑，或者古代和文艺复兴（建筑）之间的差别，在第一眼或是未受过专业训练的人看来并不明显——

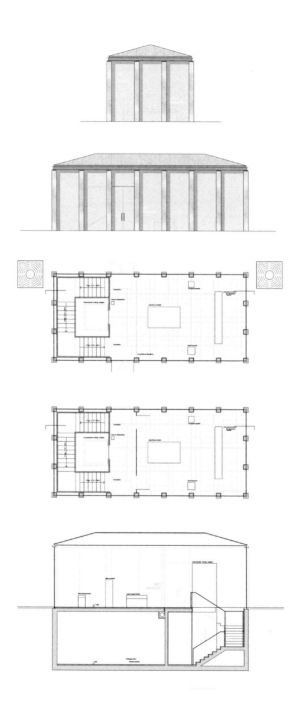

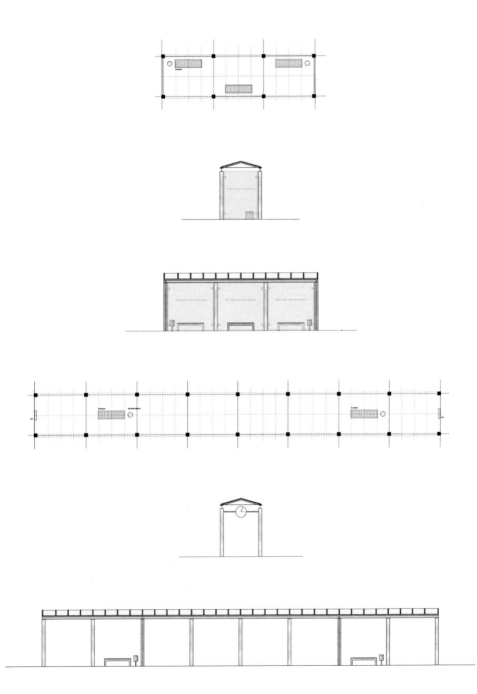

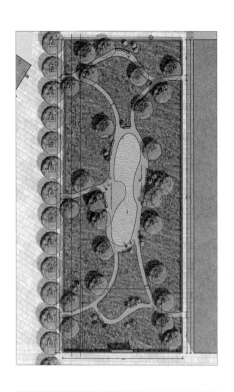

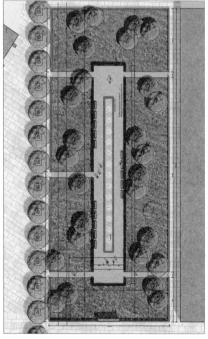

然而它们之间存在着系统性的差异。如果我们能够重新获得对细部的关注，对细微差别和微小表达的兴趣，就会极大地改变建筑的文化品质和我们城市中的生活品质。而且，这不仅仅是建筑的问题。**绝大多数建筑师在做社会希望他们做的。现如今，社会和投资方想要那种能创造大场面的建筑，吸引关注，获得传播，成为整个城市的话题。一种把自身从城市的连续性中割裂开来的建筑。**这种趋势必须加以抵制，我们的城市才能回到自然和平静的状态，并能给真正的纪念物——公共建筑——应有的重视和认可。

• 您有没有具体的例子？

你只需要翻阅一下那些投资方的宣传册。那些房子都有一些怪异的名字，特里亚农宫（Trianon）、美景苑（Garden Court）或是欧利恩宫（Orion Palace）。它们自我营销，是企业形象的一部分。**但城市不是为公司和投资方的企业形象服务的；城市是为公众事务服务的。**

- 可我不只想看到和谐、有素、平衡和完美这些传统价值，我也想强调另一些传统：不协调、惊喜和新奇也是传承下来的价值之一。不仅仅只有一个传统，而是好多个。

当然有好些传统；在历史上从来不是只有一个传统，而且我的意思也不是赞成一种标准风格。但是你不能同时拥有一切。我的立场是基于反对当下这样一种事实的背景，我们城市当中新的部分绝大多数由不和谐、特立独行、破碎和追求轰动效应的东西组成，已无规则可循。过去建筑师的那些伟大的创新作品——尽管它们有时候尺度巨大但却可行，是因为有些不一样的（协调的）事物在其周边形成对比；城市的实质还是具有相当程度的协调性。**如果仅存的只剩下不协调，那么创造寻常的甚至是平凡的事物就变成了真正的创新。**随之它会在这混杂着真实与假想艺术品的浮夸虚荣的展示场，比那种披上艺术外衣竭尽所能想要获得关注的对象吸引更多的注意。

• 所以它毕竟获得了关注。然而回到手艺：在学院或是大学阶段教授手艺可能吗？

我认为在学校里，唯一可教的就是手艺，别无其他。而且因为我相信手艺，我也相信学校。与之相反的，如果你认为建筑就是关于天赋和灵感的问题，你就抛弃了关于教学任何事物的想法。那你就再也不用依赖学校了。

• 建筑学的训练比学习一门手艺要多得多——比如它还涉及历史与理论。它的组成不仅包含学习一个系统的法则，还有鼓励独立思考、分析和批判的能力。

历史和理论也是这门行业的工具；它们也是设计的工具，如果这里（建筑学）还有比纯粹实用的房子更重要的内容，平凡在此所指的别无其他而是智慧。最重要的是，有对历史和理论反思的意识，是批判作为学生所学的知识，以及作为受过全面培训的建筑师实践的必要前提。

• 在建筑学中您想成为的人物是谁？

距离我最近的，在时间顺序上看起来也是这样，是路德维希·密斯·凡德罗[1]和阿道夫·路斯[2]，原因在于他们的美学观点以及支撑他们美学观点的概念世界。不过如果我可以选择——大言不惭地——成为过去的某人，会是莱昂·巴蒂斯塔·阿尔伯蒂[3]。他不仅是睿智的理论家和杰出的建筑师——他的作品很少但都极为成熟——同时还写诗和小说，是一个机智和优雅的

---

[1] 路德维希·密斯·凡德罗（Ludwig Mies van der Rohe, 1886—1969），德国现代建筑师。——译者注

[2] 阿道夫·路斯（Adolf Loos, 1870—1933），现代主义早期奥地利建筑师。——译者注

[3] 莱昂·巴蒂斯塔·阿尔伯蒂（Leon Battista Alberti, 1404—1472），文艺复兴时期的意大利建筑师、建筑理论家、作家、诗人、哲学家，一位通才。——译者注

健谈者，并且在运动方面还是个惊人的跳高健将。如果建筑师仍然想要在今天的社会中发挥作用，只能是那种可以同时处理很多事情的人——一个通才。如果他还能跳高的话，那就更好了。

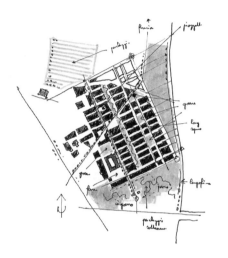

第三章 现代与美

Modernity and beauty

- 对您而言现代建筑意味着什么？

它是直面我们时代状况的建筑。建筑学的现代主义是一个新社会发展的结果，以解决之前在快速增长的城市中无法提供的、难以置信的众多人口的居所和供给问题。它是一个工业化的结果，日益机械化的生产方式使得货物能够以较低的价格进行批量生产和远程销售。它也是科技化的结果——即在结构和土木工程方面的进步使得新型的建筑物成为可能，这些建筑物反过来又以新的方式发挥作用。

迄今为止，都还很好——也很熟悉。这些已被接受的观点与传统的 20 世纪建筑的历史观互相一致。但也存在着一些其他没有那么明显的观点。因为我相信，**建筑学的现代主义与一种社会责任感相联系：即尽可能公平地在快速增长的人口之间分享可用的资源**。并且最终，它（现代性）与不断入侵的极简化这种文化现象相联系。这种极简化是由新的社会和科技需求强加而来的，同时被进步文化奉为艺术的圭臬。

这不仅给了建筑学的现代主义一个新的维度，也意味着它的边界发生了转移。比方像后来被 20 世纪 20 年代新建筑运动（New Architecture）大力鼓吹的"最低生存小屋"（subsistence dwelling）这样的提议，早在 20 世纪初期就被海因里希·特森诺[1]等建筑师设想出来了。从 1902 年开始，保罗·舒尔策-瑙姆

1　海因里希·特森诺（Heinrich Tessenow，1876—1950），德国魏玛共和国时期建筑师、城市规划师。德国花园城市德累斯顿的海勒饶（Hellerau，Dresden）的设计师之一。——译者注

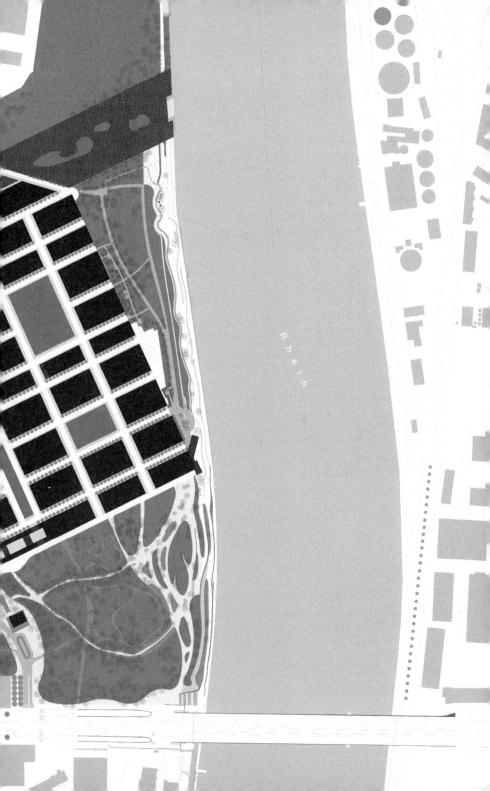

Rhein

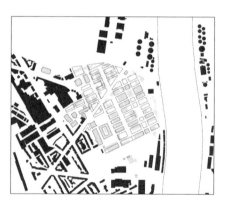

新旧肌理

机动车交通

步行交通

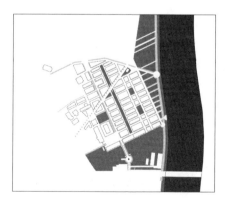

绿化系统

堡[1]，即后来纳粹"血与土"（Blut und Boden）意识形态的吹鼓手，曾在文化研究中以睿智且清晰的方式讨论过乡村保护以及相关的生态问题。在新客观主义（New Objectivity）建筑师当道很久以前，极简主义的艺术准则早就被如保罗·梅布斯（Paul Mebes）和弗里德里希·奥斯滕多夫（Friedrich Ostendorf）这样的人物提出来了。梅布斯曾经说过，"没有装饰的建筑足以从美学上满足我们"。奥斯滕多夫提到，"设计意味着找到外形的极简形式"。

- 您所描述的是不是仅仅是德国的现象？

　　这是世界范围的，尽管总体上在欧洲特别突出，在德国尤其如此。20世纪全世界范围内动摇了政治、经济和文化的冲突，在德国现代建筑的历史中得到了极为清晰的反映。极端的立场都在其中得到封存。因果关系如同地震仪的工作原理。

1　保罗·舒尔策–瑙姆堡（Paul Schultze-Naumburg，1869—1949），德国建筑学家，纳粹建筑的倡导者。——译者注

• 您怎么理解今天的"先锋"这个词?

　　曾经一度似乎是新的事物现在已经是旧的了。一些启发了新客观主义的憧憬已经破灭了。诸如此类,科技进步能带来幸福,或者资源是用之不竭的这种幻想。如果我们赖以生存的地球要尽可能合理地共享,不去挥霍它的财富也不去抹平它的多样性,我们就必须调整自身的愿望和需求来尽可能少地消耗它,只生产确实必要的东西——对建筑学亦是如此。我们也要坚守自己的价值体系,哪怕在巨大的变革涉及这些需求时——对建筑学亦是如此。这才是今天"先锋"态度的涵义。我相信它会**指向一个简洁的、持久的,以及在物质上和美学上都具有实质内容的建筑形式**。当然这其实是一个新的老希望,希望建筑的形式能朝向一个更好的社会发展,甚至能促使它的形成。

• 投资人和开发商也同样要求缩减成本。建筑是否需要倡导节俭的美德?

　　建筑一直需要倡导节俭的美德。但它的策略需要与那些商业建筑截然相反。对商业建筑而言，重要的是尽可能快地堆砌廉价和炫目的房子——一旦收回投资就能被拆除的房子，这样那块用地才能被商业化地重新利用。**但是一个切实承担社会和生态责任的建筑形式并不需要是炫目的，它只需要是好的。它也应该成为一项长期的社会投资。**其他一切都是物质和金钱的浪费。而且我们在不断改换建筑外观的地方也没有家的感觉。在我们的城市和乡村，我们需要持久性。

• 听起来好像您希望时间是静止的。在美国，人们每 7 年就搬一次家。

你既不能界定时间也不能界定场所。举个例子，某些历史城市的中心，已经变得像博物馆那样被封存起来，变得毫无生气。但是一些基本的人类需求不能被忽视——包括对一个赋予身份感的地方的诉求。没人想要生活在 20 世纪 60 年代建筑电讯派（Archigram）提出的空间胶囊（space capsules）中，也没有人会去。美国人不断搬家，但他们的室内装修在任何地方看来都是最为媚俗的。在我看来，他们似乎通过依赖熟悉的物件来弥补住地的频繁更换。

• 这是否意味着，您将建筑当成是现代主义历史进程中的刹车——一个最终还是由不断变化标识的进程？

今天掌控我们的经济动因与现代主义毫无瓜葛，而与投机相关。建筑学需要抵制任何与我们需要保护和关怀环境，以及为将来的世世代代提供更好环境的理念，相背离的进程。我们住在已经建成 500 年甚至更久的城市中。我们从前人的劳作中受益。我们也有同样的义务留给我们的后代一些可以长存的东西——不仅仅是纪念物和旅游景点，也包括基础设施系统，就像那些建于 19 世纪、我们至今仍在使用的基础设施。

• 在那些互补的词组背后，比如"持久"相对于"炫目"，"扎实的手艺"相对于"流行"，"品质"相对于"快速消耗"，我不知怎么感觉到老式德国文化悲观主义的存在。您是不是惧怕现代的时代?

不,我只是对涉及其中的庸俗化和商业化深感厌恶。我也反对将现代主义作为一种风格。你需要对伟大创新大师的建筑作品和对它们的模仿进行区分。在建筑学中总有借鉴手法。现代建筑中存在着一些现象是可以被模仿而不会对我们的城市构成破坏的。也有的原创建筑是很精彩的,但在被无休止地复制后对我们的城市产生了破坏性的影响。建筑学和城市规划中的创新和传承的关系问题,是一个极为迫切的问题。

• 关于"复制":我们能从前东德的建筑和城市规划中学到什么?

东德的建筑常常被人兴致勃勃地加以批判。我并不赞成其中的所有内容。柏林的斯大林大街(现在叫卡尔·马克思大街)是 20 世纪欧洲建造的最后一批大都市街道中最好的之一。它应

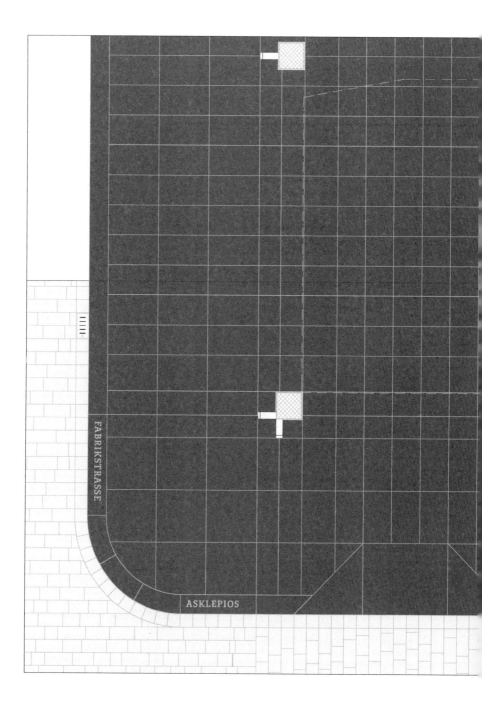

FABRIKSTRASSE

ASKLEPIOS

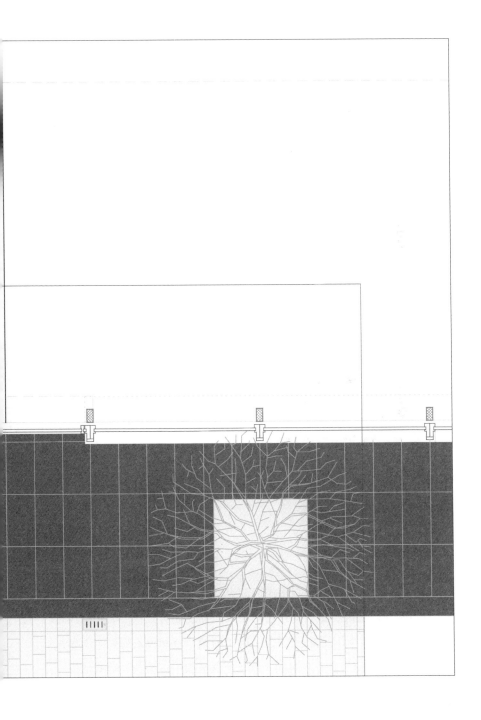

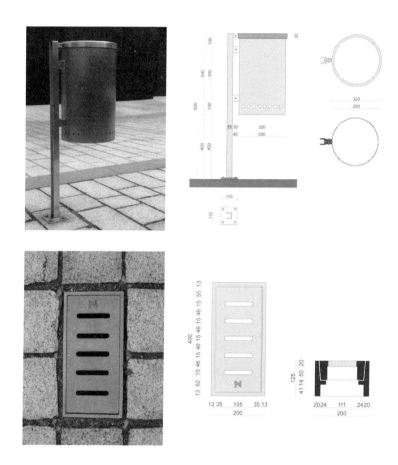

该得到保护，因为在很多不同的方面都具有示范性。对于许多
预制的住宅区也是如此：它们是我们称之为历史城市的严肃性
的另一面，而且它们还包含了现代的城市空间，正如勒·柯布
西耶所设想的。（东柏林的）开放空间需要一些改进，但我认为

任何后来的高密度化或者创造"温馨"地点的尝试都值得商榷。概念需要保持纯粹。尝试将预制住宅区改造为 19 世纪的城市是荒谬的，正如反过来将 19 世纪城市的核心抽掉，将它们改造为"现代城市"（villes contemporaines）一样荒谬。

• 在建筑和工艺美术领域，德国的讨论在我看来是被艺术史学家汉斯·贝尔丁（Hans Belting）所谓的"丢失现代主义的恐惧"统治了。从这个角度讲，我会将基于国际主义风格（International Style）前提的"透明"（transparent）建筑，以及您用来作为反面案例的修正主义（revisionist）的"石质"（stony）建筑，看成是一个硬币的两面，即延续被战争不幸中断的现代主义事业的一种英勇努力。为什么后现代主义在德国建筑学的讨论中面对如此多的困难？

后现代主义，不管你怎么定义它，显然已经找到了进入德国的方式，不仅是在建筑形式方面，在建筑讨论中也是如此。詹姆斯·斯特林（James Sterling）的斯图加特美术馆

（Staatsgalerie）毫无疑问是一个后现代主义的标杆。它建造在一个轻亮透明的玻璃建筑的据点城市，这是历史的反讽之一。任凭斯塔尼斯劳斯·冯·莫斯（Stanislaus von Moos）极尽努力，罗伯特·文丘里（Robert Venturi）的观点在德国反响微乎其微。相比之下，后现代主义理论在他的反对者阿尔多·罗西（Aldo Rossi）那里发挥了重要作用。柏林的国际建筑展就是罗西理论纲要的一个具体检验。

• 您认为美国和欧洲在建筑理论方面的差异在未来将会继续还是会消减？这在 20 世纪是非常明显的。

我希望它会消减。**20 世纪 20 年代的许多理念仍然有待于有效地被接受和发展。但我们只能通过批判性地质疑它们，才能使之为我们带来丰硕的成果。**不假深思地延续现代主义或对后现代主义宣战，否定现代并倡导一个全新的开始，都是错误的。我想要的是一个批判性选择的时代，批判性地检验所有建筑学的假设。

• 进一步说，这是一个倾向于折中主义的提议。

　　这只是一个更准确地检验事物和更仔细地辨别不同流派的提议——包括像新客观主义和表现主义这样的流派，迄今还被认为等同于"独石"（monolithic）建筑。将"独石"加以解析并对每个部分进行更仔细的检验，会更有用也更有意思。例如路德维希·希伯赛默（Ludwig Hilberseimer），他的作品被认为是现代大都市不人性化的一个代表。如果只看图片，这种偏见才会成立。人们忽视了这些项目都是基于像地下铁路或是高速公路这样的基础设施系统，并且作为一种减少交通的方式呈现为居住和办公建筑混合体的事实。**不应该将陈词滥调强加到抽象的历史语境中**，我们应该带着新鲜、不带偏见的双眼去看待一切，最重要的是好奇心。

• 您的一些文章是围绕美的范畴写作的。直到几年前，这个词在工艺美术界一直是一个忌讳。在建筑学中您能为其平反吗？

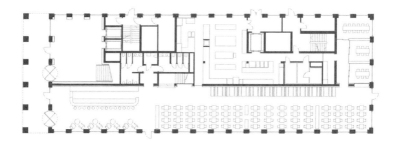

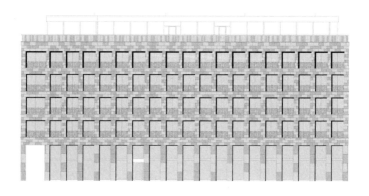

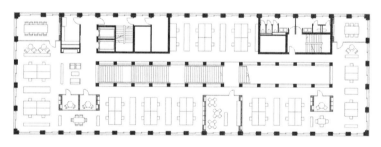

可以而且也必须。**评判建筑的通俗方式 ——美或者不美——实际上也确实触及了它的核心。**当然,美需要被重新定义,因为这个词已经与它在 19 世纪或是 20 世纪 20 年代的含义不再相符。但是建筑师确实必须解决建筑使用者的心理舒适问题,就像关注他们的身体舒适性一样重要。

• 关于美的辩论暗示了约束标准的问题。形成这样的标准是谁的职责？

　　社会的。社会必须要问，是什么构成了一个对今天而言是适用的、人道的、好的建筑形式。而且它必须要找到答案，既不是技术至上的也不是享乐主义的，而是文化的。

第四章　向老的城市格局学习
Learning from older urban structures

• 在您的著作《持久的现代性》中，您将现代性与延续性作了
  对比。并且相对于全新的建筑，您更青睐延续的建造——为
  什么？

　　完全没有任何理由从头开始再来一遍。我们的城市运转正
常，虽然如今它们的部分使用方式与最初规划的有所不同。然
后还有我们与城市的情感联系。**我们依赖于我们的周围环境，
它们构成了我们身份的一部分。**

• 城市应当如何更新、改造和扩建？

　　我们面临的任务是尽可能原状地保留老的城市，而不是用超大尺度的购物中心和基础设施建设来破坏它们的和谐。当现有肌理被扩建的时候——比方说，有新的建设项目——我们可以从老的城市当中学到很多，例如它的居住区和工作区之间的联系，建筑和开放空间之间的关系，处理公共空间的方式及其比例等等。

• 中世纪城镇的中心有许多不是规划出来的，而是随着时间的推移不断发展而来的。富有吸引力的城市形成仅仅是偶然吗？

　　中世纪城市的发展并非偶然。每壁墙垣、每级台阶，都是由人出资、计划而后建造的。**老城市的吸引人之处在于不同设计之间的碰撞，以及它们的分层方式。**这也是为什么我们不应该破坏老城的另一个理由——不同的层次才能继续被看到并被感知。

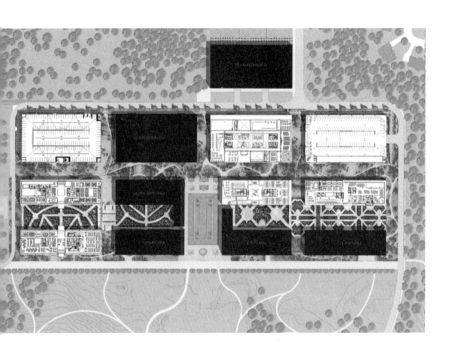

• 当今城市的一个热门问题是如何处理其中的工业废弃用地。设计师们应该如何处理这些问题？

保留这些区域的特征非常重要。当你将这些一定程度上的"禁区"归还城市，它们会成为居民生活其中的地方。但是，强行使用传统住宅来填充这些特殊区域是错误的。工业建筑的尺寸和比例需要保留，这样才能增加不同的住宅种类，城市中可获得的居住选择才会更为多样，也更加丰富。

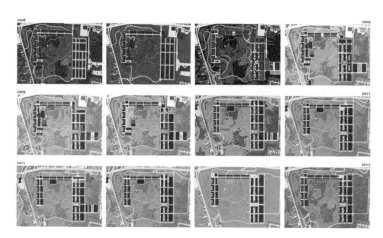

总平面发展

• 交通管理也是许多老城中心面临的一个棘手问题。有一种趋势是将中心城区改成步行区。这是正确的方法吗?

　　我坚决反对步行区,因为不管我们喜欢与否,汽车已经成为我们日常生活中的一部分。所以它们应当可以共存——行人与汽车。但是这种共存必须经过设计,使交通不会成为威胁。试图通过使用"禁止"标志来阻止交通是没有多大意义的;与之相反,应该采用结构性的方法来控制它。一个中世纪的城市就有交通限制,因为它的街巷狭窄。

• 老城区可以容纳新建筑到何种程度?

　　如果不是有确实的必要,新建筑应该尽可能地受到限制。

• 城市中的开放空间有多重要?

极其重要。无论何处有公园和广场,它们在今天都和过去一样受欢迎,成为人们集会的场所。每个城市都必须提供这种类型的公共空间,它们没有明确分配的功能。它们构成了城市的核心品质。

• 您对柏林新开发的地区有何评价,比如波茨坦广场(Potsdamer Platz)或者弗雷德里希大街(Friedrichstrasse)?

我很高兴看到柏林决定基于这个城市的历史面貌进行建设。街道和广场正在得到保存,并被重新注入生机。

在未来几年内,庆祝柏林重建成为一项重大成就应该是可能的。在现有的经济和政治条件下,这是一个非凡的城市规划上的成功(建筑学上的小一些)。但事实证明,经济学家的计算规定,80% 的建筑应由办公组成,只有 20% 应为居住空间,不仅在城市规划方面,在经济方面也是错误的。现在有太多空置的办公楼。我从一开始就认为住宅建筑的比例应该是 50%。但也无需幸灾乐祸。

• 在您的著作《克制的速度》*（Restrained Speed）一书中，您使用了"远程信息城市"（telematic city）一词。您到底想表达什么意思呢？

我认为，远程信息处理——即远程通讯和信息之间的连结——颠覆了我们的生活；并且我认为城市需要调整自身来适应这点。如今已经发展出来一些策略，使得信息革命的成果可以让城市和建筑受益。我只举两个例子：一是通过在人们的手机上直接读取公交时刻表，就可以提高公交系统的吸引力。二是无线互联网技术避免了在旧建筑物中铺设电缆，从而让旧建筑得到更好的保护。

---

*   Vittorio Magnago Lampugnani, *Verhaltene Geschwindigkeit: Die Zukunft der telematische Stadt.* Berlin 2002.

• 未来的城市会是什么样子？

　　跟今天的城市不会有很大不同。我们将在旧建筑的房间中使用我们的现代技术，在此过程中旧建筑将得到保存。为了拯救乡村，我们会回归城市高密度的优良传统，与此同时乡村会变得极具价值。

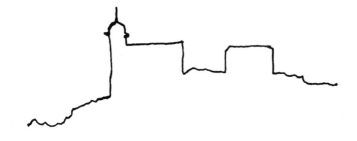

第五章 城市是兼容并蓄的卓越场所

The city is the place for tolerance par excellence

• 作为一个出生在罗马的人，您在一篇文章中描述了教皇尼古拉五世想将罗马改造成一个"圣经图解"（Biblia Pauperum），以说服不识字的民众们相信上帝之伟大。城市是故事吗？

城市是讲述各自故事的地理结果，有的时候甚至具有一个特定的图解叙事过程。每一座教堂都是由符号构成的构筑物，城市整体不仅是对实际需求的回应，而且也是一套意义系统。即使在病榻上，尼古拉五世还在通过建筑和政治的计划布道，以使不识字的民众通过巨大的、给他们留下深刻印象并能震慑他们的纪念物接受教育。

• 因此城市设计与信息提供是相互联系的。

　　了解这些内容最好的地方是维克多·雨果的作品。在《巴黎圣母院》中有一个场景，副主教弗罗洛坐在他的房间里眺望大教堂。他拿着一本用新的古登堡技术（Gutenburg）印刷的书，忧郁地预言到："这将会杀了它（大教堂）。"书本将会终结建筑的大厦，人类记忆承载物的角色自此将由印刷的纸张替代。

• ……然而那是一个错误的预言，因为城市并没有被书本取代。

　　这个预言并非完全错误。**建筑作为叙事，实际上很大程度已经从我们的日常生活中消失了。**

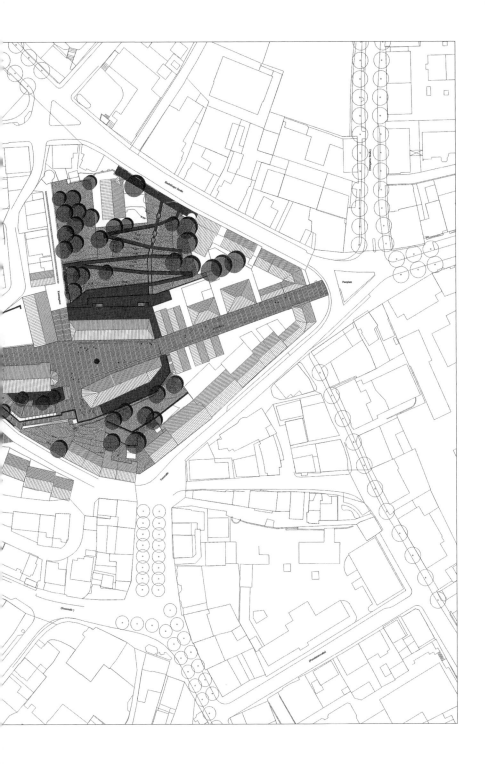

• 这是因为新的媒介吗？

在机械印刷和系统传播的书籍出现以前，人们依靠城市保存历史事件的知识。这些今天仍然存在，和书本一起，但是我们已经忘记了如何解读。城市仍然是鲜活的故事，但如今它更倾向于讲述事实，即社会对于在建筑和石头中永存的故事已经不再感兴趣了。

• 需要明确的是：当我们谈及城市的时候，我们到底在谈论什么？什么是城市的特征——住宅、商业，还是交通？

所有这些，加上结构的、建筑的聚合。对我而言，城市是一个拥有密集人口、在地形上相连的地区，并有统一集中的管理。它是当地区域的中心，维持长距离的商贸联系，并由劳动分工决定分化的社会结构。然而，最重要的是城市拥有永久的建筑，根据它们的不同用途彼此之间存在明显差异。

• 所以您不认为瑞士就像一个单一的城市，而是有许多城市？

　　瑞士是一个小国，大部分城市都非常漂亮、相互临近，且彼此不同。你只需要坐火车看看窗外就能明白。当然，你也会看到城市破损的边缘；但总体而言，城市结束和乡村开始的地方是清晰可辨的。保持这些边界非常重要。

• 至少在中世纪时期，像这样人口密集、围墙环绕的城镇被认为是进步的中心。城市还在传播进步吗？

　　如果进步意味着人们聚在一起相互交流，或者学习如何相互交流，那么城市作为社会和政治进步的地方，不仅从中世纪而是从一开始便是。幸运的是，它们仍然是，尽管遇到了重重困难。

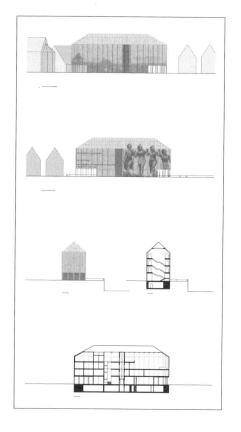

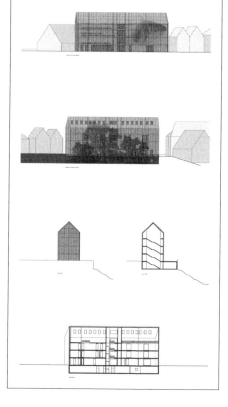

• 在您的一篇文章中引用了大卫·休谟[1]的观点，他甚至认为城市可以塑造人的性格。

　　我认为这既感人又真实。休谟是启蒙运动的重要人物，他认为城市具有改善人类的能力。他说，人们来到城市是为了通过彼此接触、相互交流来改变和提升自己。

• 这种可能性今天仍然存在吗？

　　城市的一个关键之处，是它将陌生人聚集到一起的能力。城市会促进甚至创造多样的文化。这是对于司汤达[2]"金句"（bon mot）的一个正面解读，他曾将都市性（urbanity）解读为一种无法被他人的不良行为惹恼的优越所在。

1　大卫·休谟（David Hume，1711—1776），苏格兰的哲学家、经济学家和历史学家，是苏格兰启蒙运动以及西方哲学历史中最重要的人物之一。——译者注

2　司汤达（Stendhal，1783—1842），原名马利-亨利·贝尔（Marie-Henri Beyle），19世纪法国作家。——译者注

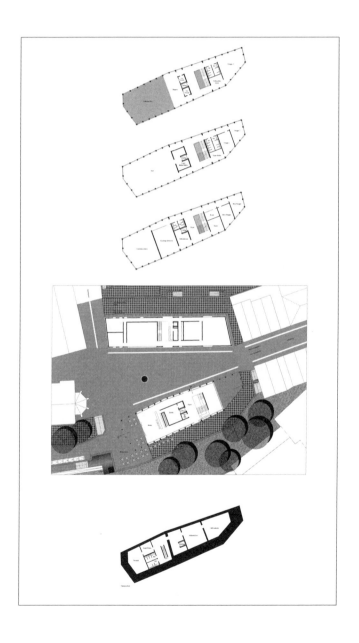

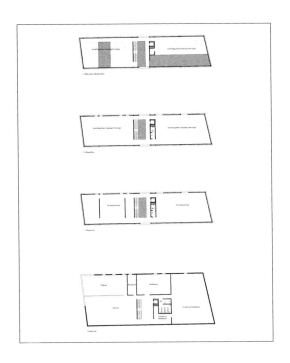

- 您为都市性大唱赞歌，但人口高密度也意味着问题高密度，正如苏黎世的毒品问题所体现的。

在任何情况下，城市只会聚集社会中已经存在的问题。问题当然在城市中变得更为明显，并且更为恶劣。但在那里解决它们也是最容易的。纵观历史，城市都是兼容并蓄的卓越场所，这绝非偶然。

• 所以您认为即使在今天，城市仍然有能力创造文化……

是的。城市发挥着重要的社会作用，因为它们在有限的空间中温和地迫使人们进入富有成效的对话。

• ……以及创造民主的力量？

不是自然而来的。但城市可以创造民主的条件，通过邀请人们彼此接触，相互倾听，权衡并且包容不同的选择。这就形成了一些我们认为是共识的内容，即便每个人都可以并且可能有不同的态度。尽管最晚自 19 世纪以来，城市中的私密领域和公众之间的关系已经发生了根本变化，城市仍然具有以一种有效的方式引导冲突并且非正式地形成共识这样的功能。

• 公共领域已经萎缩了。

有一个时期，可用的住宅几乎让人没有任何其他选择，生活基本只能在公共空间进行。**在装饰居所上花费的精力和财力越多，公共空间被忽视和抛弃的趋势就越强烈。**当街道和广场被机动交通占据后，情况变得更糟。

• 面对"城市的冷漠"，人们走向绿色的郊区，那里城市蔓延如同浆糊，一片接着一片……

……郊区的问题主要不是美学的问题。问题是，**郊区是逃向私人生活的物化途径。**房子与房子之间，你所能找到的只有剩下的空间，这是坏消息。好消息是，在私有化的趋势之余，仍有社会化的趋势在延续。

• 您强调了城市中公共空间的重要性。现在对公共领域还剩多少兴趣呢，因为过去与之相关的经济功能——迄今至少农业和工业相关的部分，大多已经消失了。人们不会再去市场上卖牛了。

公共领域的一部分兴趣首先并且最重要的是政治的。如果我们不代表集体的价值和动机，那么我们就不再是城市或民主的公民。

• 您在提倡古代城邦的理想。

如果城市是被合理规划的，最重要是被妥善管理的，那么尽管面临数次逆境和所有衰落的预言，它仍能重新成为一个培育公共领域的场所。然而，这不是一个"自然"的发展，它需要有诉求、规划和实施。

• 如果您让城市以"自然"的方式生长，比方说，根据房地产市场的规则——那么您所谈论的公共场所将会消失。但是如果您规划它们，也存在可能不受人们欢迎的风险。您同样坚守城市规划的艺术，这在很长一段时间都被认为已经死亡。

我们的城市不是简简单单地成为它们现在的样子，它们是被创造出来的——并有非常明确的目标和意图。当然你无法规划公共领域，但你可以创造和提供孕育（公共活动的）场所。如果城市不提供那样的场所，那就不可能发生各种观点的交流。

- 您不认为交换信息的新方式会消解城市？

尽管有各种新的交流媒介，在未来仍然会有一些情况是人们需要，甚至是必须面对面地交流——在工作当中也是如此。例如，我们现在围坐在一张桌子旁讨论，因为这给了一种不同的精确性——否则我们可以通过电话或者电子邮件。即使在工作中，直接的当面交流最终也是无法省却的。

- 但计算机科学的发展正在改变事物。

它们导致了一些城市功能的丧失，但它们也为新功能创造了空间。现在我已经很少去银行了，因为我可以从取款机取钱并通过电话汇款；我也不再经常去书店，因为可以在网上订购。但城市中失去这些功能并无危害。取而代之的是它获得了新的功

能——或者更准确地说，城市如今有了更多空间给那些历史悠久的、最初就有的功能，那些我使用公共领域的概念来定义的内容。

• 原来您是实体的、实际存在的建成城市的捍卫者，与今天蓬勃发展的虚拟现实相反。您的文章经常提到"真实性"。

恰恰因为我们越来越多地被现实的替代物包围，我们才变得越来越欣赏真实的品质。

• 城市将会保有实质和真实，并将被重新评估？

　　它将会被重新评估，作为真实的存在，作为公共领域的注定场所。即便如此，这也不一定就真的会发生——在任何情况下城市发展都难以预测，首先因为它们在很大程度上取决于经济利益。一个当代城市的积极发展必须首先在政治上被需要，并被推动。

第六章　如有必要就拆掉它！
对明智城市规划的请求

Tear it down if necessary!
A plea for intelligence in urban planning

• 瑞士已经建成，建筑师还能做些什么？

　　瑞士不可能真的已经完全建成，否则不会还有那么多的建筑工地。但即使我们假设瑞士已经完成建设，建筑师仍然还有许多工作要做。建筑需要维护和修缮，以适应新的需求。这样的任务虽然没有建造新的建筑那样宏大，但至少同等重要并且同样要求很高。建筑设计的需求是巨大的。

• 今天最重要的设计问题是什么？

　　我该从哪儿开始？铁路和公路这样的大型基础设施，需要尽可能协调地融入乡村，并与现有建筑尽可能保持和谐。旧工业区要有新的用途。还有我们城市周边的郊区，几乎没人喜欢在那里生活。如果城郊要再次成为像内城一样有生活品质的地方，还有许多地方需要重新考虑。

• 您似乎认为城市规划是可行的。

　　在城市中，规划是将不同的特定利益汇聚在一起，使得它们可以惠及整个社区的唯一途径。必须有人在那里为各种倡议提供共同的基础。

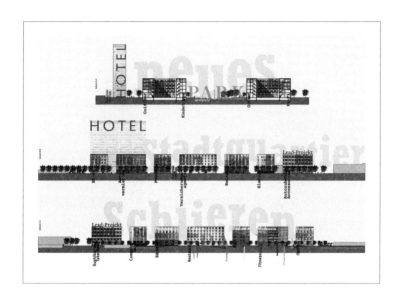

• 我仍然持怀疑态度。有许多人认为城市已经变得不可规划。

　　只有那些不愿意参与城市规划或者希望从规划缺失当中获益的人，才会这么表示。假如城市无法规划，意味着放弃所有能够设计建成环境的主张，并将其留给市场力量的自由游戏。

• 在今天自由化的经济条件下，有意愿去设计的人如何获得资源和权力来实现规划构想呢？

资源和权力是两个不同的议题。建筑师必须获得资源。当然，这说起来容易做起来难，尤其因为城市规划已经与建筑学分离，并开始以越来越不同的维度发展各自的理念。

• 这究竟意味着什么？

简单而言，可以说最晚自 20 世纪 60 年代以来，城市规划和建筑学已经相互分离。规划工作注重条件分析，满足交通需求，分配土地使用，但它没能成功地形成空间上的，甚至是美学上的理念。建筑师填补了这个空白，不仅设计单体建筑，还开始设计整个建筑群。但他们经常忽视对现有条件的分析。

• 您是否希望消除两者的分离？

不仅仅是分析与设计之间的分离，数字与诗意之间的分离也需要消除。我们目前有的是不断优化自身的独立系统：住宅建筑规划、工业用地划分、交通规划、电力供应规划、排水系统规划。这些系统彼此分化。你肯定已经注意到，街道经常被挖开来修理电话线，然后仅仅几个月后又被挖开，因为需要检查下水道。这只是规划和设计缺乏协调的一个普通例子。同样，城市的郊区也是这种相互独立的系统各自为政的产物。城市规划学科需要消除这种分离。

• 这种改变可行吗？

我们回到权力问题。建筑师没有任何权力，必须由公众和国家赋予他。城市规划师是社会的拥护者。如果他在 19 世纪不太民主的政治条件下都能有能力行动，那么在今天政治条件更好的情况下，他没有理由不能这样做。

• 也许今天的经济利益更加强大。

经济利益尤其意味着需要规划，如果是考虑整个社区而不是个人投机者的话。规划得差的郊区是一个巨大的负担：建筑位于城市边缘，需要额外提供电力、给排水、电话和道路连接，还有公共交通设施。如果所有这些不是一开始就规划好的，那么公众可能会面临巨大的额外成本。

• 所以规划不是一个思想上的必需品？

　　规划是一个经济的因素，因为它有助于避免需要花费大量资金去纠正错误的问题。但我不想提倡经济主义。真正重要的是创造空间，那里人们可以有尽可能好的生活条件。这关系到促进个人成长，关乎社会和平，关乎文化。这些应该与我们切身相关。

• 在社会分工越来越分化的情况下，您还在力主创造规划和建筑领域之间的新联系。并且您显然认为建筑师是其中的关键角色。

　　尤其是在分工日益明确的社会背景下，建筑师必须成为一

B

C

Accessoires   Elektro   Reisen   Wersi
                                  agent

Sushibar und   Computer   Wohnen   Bäckerei   Res
Take-Away   laden

Lesebä

Pick

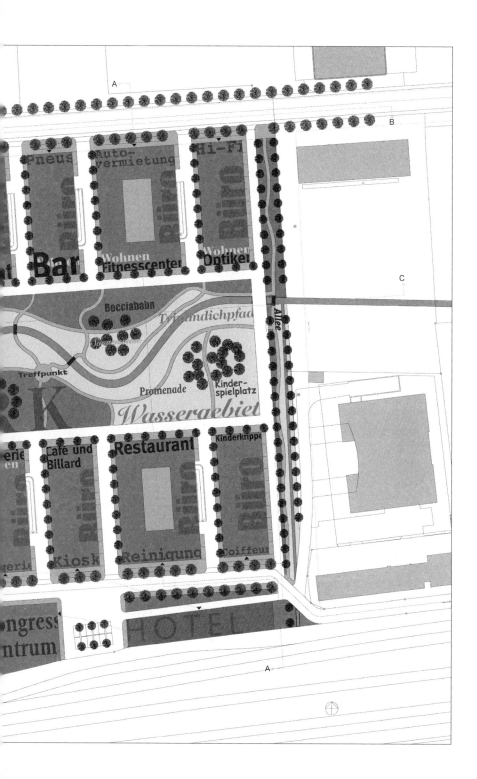

个通才。项目变得愈发复杂，参与其中的不同专家越多，就越需要有人保持全局观。建筑师需要牢牢控制局面，整合相邻学科的工作，从结构力学到照明科技，从文化技术到景观规划。他还必须考虑到当地的历史以及审美。

• 您描绘的建筑师形象既不是房地产开发商的行政助理，也不是艺术家，而是一名综合的协调员。

不不，不仅仅是协调员。**建筑师一直是全方位的技术人员和智识人员，既精通专业技能，又能批判性地思考这个职业。**

• 我们假设有您提到的可用资源：训练有素的建筑师——以及权力——也就是说，公众和社区想要实施某种规划。这将如何解决那些可能今天最影响我们的问题：城市的无形性和它们破损的边界？

每个人都在建造他们自己的房屋或者自己的花园，但都不去考虑自宅外哪怕一寸的地方。但如果房子所在的街道看起来相对整洁，有幼儿园、学校、电影院、商店，甚至博物馆分布在附近，这肯定关乎他们自身的利益。这也是一种自我中心主义，但是更有远见的一种。对于如何促进这种类型的远见，没有现成的良方。

- 但是有可用的工具？

是的，你只需要使用它们。工具的范围包括从分区规划条例到拆除现有建筑物。这个极端的方法（拆除）经常被使用，从 1972 年美国圣路易斯的普鲁伊特-伊戈公寓[1]的炸毁开始。那

1　普鲁伊特-伊戈公寓（Pruitt-Igoe）是位于美国密苏里州圣路易斯市的一个公共住宅。是美国 20 世纪 50 年代国家主导的住房计划的重要成果。普鲁伊特-伊戈公寓于 1956 年建成，但短短数年内就迅速衰落。贫困、犯罪和种族冲突盛行，最后被迫于 20 世纪 70 年代全部爆破拆除。——译者注

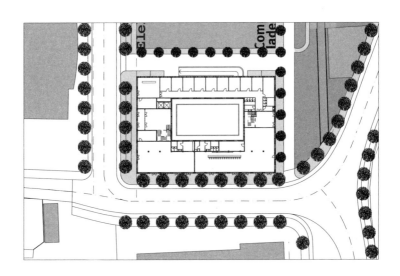

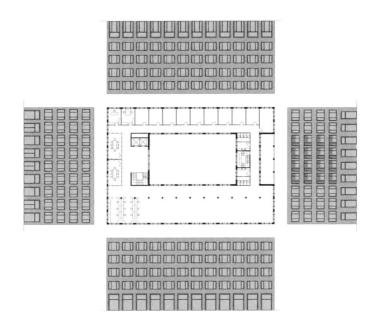

次拆除后来变成了现代主义建筑失败的象征——不是没有一定煽动作用的。

• "拆"在瑞士这个注重建设的国度，是一个令人毛骨悚然的词语。

我并不完全赞同。事实表明，有些住区已被证明根本不适合作为人类居住的家园。顺便提一句，这种类型的拆除之所以提出，就像在圣路易斯那样，不是出于美学原因而是社会原因。不是因为房屋丑陋，而是因为它们给社区制造了具体问题。

• 您认为是否能够采取有针对性的措施，将城郊从自我中心的个体利益的集合转变为具有公共精神的场所？您真的能将那些非场所转化为场所吗？

发展公共精神的意义不在建筑的力量之中，也不是它的任务。建筑只能提供可能发展公共精神的场所,人们可以聚集在一起的公共空间——街道、广场,以及公园,还有廊街、剧场和咖啡厅。

• 您说过,建筑师对于一个地方的历史负有责任。在设计城市中心时谈论历史是容易的,但对于新建的郊区是困难的。

在欧洲任何地方,没有一块土地不是深深根植于历史之中,都有几十或者几百年的形成史。只有少数阿尔卑斯山巅可算例外,其他我们看到和居住其中的一切都是人造的——不仅是罗马的中心或是苏黎世的郊区,也包括托斯卡纳的山丘和黑森林。所有这些都有自己的历史。所以我们必须投身其中,即使我们想要建造一些全新的东西。

• 是否真的有可能在利马特河谷(Limmat valley)、苏黎世的奥普菲孔–格拉特布鲁格地区(Opfikon-Glattbrugg)或者日内瓦的梅林地区(Meyrin)这样的地方形成一些城市品质?

有些地方是基于错误的计划开发的，例如纯粹的居住区或是仅作商业用途的地区，现在美其名曰"办公园区"。人们只在某个地方居住或者只在那里工作，这个基本假设是错误的。这将不可避免地导致地方分化，与其中的建筑品质毫无关系。如果想在那里改进任何东西，**必须升级功能的混合度，并确保此后各种不同类型的活动都可以在那里发生**。然而某些地方机会确实已经丧失，除了（拆掉）从头再来别无选择。

• 如果我问您哪些郊区的地方需要被拆掉，您可能已经准备好了一个很长的列表。但是，是否有什么好的城市规划实际实施的案例指向了正确的方向？

瑞士一个很好的案例是贝林佐纳（Bellizona）周边的聚落蒙泰·卡拉索（Monte Carasso）的规划*。建筑师路易吉·斯诺

---

*　蒙泰·卡拉索镇位于瑞士南部提契诺（Ticino）地区。自 1977 年，建筑师路易吉·斯诺奇主持了当地的城市设计，并主持了一些重要建筑的设计和改造项目。

奇（Luigi Snozzi）采用了一套令人惊讶的简洁规划策略，将一个快速扩张的村庄变成一个城市组合：他规定，不允许在每个地块的中央建造，而只能在地块的边界贴着街道建造。这个看似不重要的策略从根本上改变了城镇的面貌。街道获得了空间的限定，它们变成了公共空间。

• 这个例子已经过去好些年了，而且迄今基本仍是一个孤例。

还有位于巴塞尔（Basel）由迪纳 & 迪纳事务所设计的优雅的沃泰克地区（Warteck），位于韦茨维尔（Wettswill）由玛丽安娜·博克哈特和克里斯蒂安·苏米精心并明智地改造的地产项目，以及苏黎世工业区的开发——尽管那里仍然缺乏住宅规划。更不用说国外的案例，诸如阿姆斯特丹或者柏林。所有这些都表明，今天的城市规划——或者更应称为城市建筑（city architecture）——是可能的，都市性不是一个怀旧的神话。

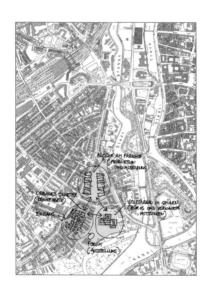

第七章　城市规划需要清晰的导则
Urban planning needs explicit guidelines

• 小说家古斯塔夫·福楼拜（Gustave Flaubert）称建筑师为"傻瓜"。您的书《克制的速度》引用了他的话，并指出他的讽刺批判可以扩展到城市规划师。您的书是否是有意针对建筑师和城市规划师的檄文？

我不是来攻击建筑师和城市规划师的，只是赞成城市设计的复兴。我们的学科没有充分地应对城市危机——无论在智力上还是政治上。

• 您认为欧洲城市规划哪里最糟糕？

有一种趋势是将我们的城市中心封存起来，再卖给出价最高的人——可以相当随便地易手。与之相对，在城市外围的郊区已经发生而且还在继续发生的是一场灾难，将在未来很长一段时间里不断给我们制造麻烦。当然，我也能看到郊区积极的方面。它们无论如何是民主的表现，使得普通公民第一次有可能建造自己的小屋。但我认为其实施方式是一个绝对的错误，因为它是以牺牲真正的城市及其所提供的公共空间为代价的。

• 所以您仍然渴望高密度的内城，就像在中世纪和文艺复兴时期的欧洲发展的那样？

　　我最感兴趣的是 19 世纪和 20 世纪初的城市，因为它的问题跟我们的更为相近。我不认为要虚假地去复制那样的城市，但我赞成高密度，因为那是构成城市品质的实质。当代城市确实早就已经不再是一个统一的结构——它是在各种时期和各种社会条件下发展起来的多种城市理念的拼贴物。郊区在其中也有它的位置。但我们需要明确这样的事实，即我们不可能都像那样生活，仿佛世界上只有我一个人那样将我们的邻里置之度外。城市的郊区现在越来越多地成为缺乏社区意识的自我中心主义的集合。

• 各种既定利益已经主宰了我们多元化社会的方方面面。您想如何制止城市规划领域的这种发展呢？

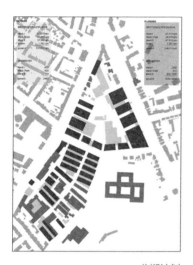

分期计划

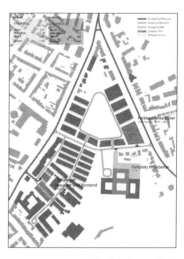

机动车交通及停车

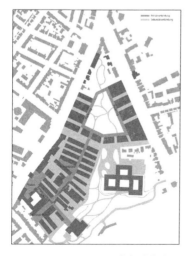

非机动车交通

绿化空间

人们已经逐渐意识到这个事实，如果我们继续这样下去，就会锯断我们所坐的这根树枝。只有当认识到公共空间也属于我，我的房屋所在的街道对它的价值也有贡献，城市规划的目标才有可能从根本上改变。

• 在自由市场经济下，国家管控的城市规划是否仍然可行？

我相信有目标的规划的力量。这是我们唯一的机会。无论如何，直至今日规划仍然在继续——只是它基于了错误的模式，允许城市的猖獗蔓延和机动车的高速增长。我们的目标必须是以一种理性和人道的方式重新建构这些模式。

• 在您的书中，您讨论了计算机革命对城市的影响。您坚决反对新的通信技术将会促使城市解体的观点。为什么？

因为有确凿的经济和政治方面的原因来反对它，也因为人们喜欢聚在一起，想要彼此见面。我们可以使用电话、视频会议或是网上聊天。但这些都不能取代真实世界中真正会面的乐趣。否则为什么所有的咖啡馆、餐厅、电影院和剧院，以及城市街道和广场，都聚满了人呢？

• 您描述了一种"追求最大生产率的无情逻辑"已经长久地占据了城市。城市的经济最大化利用是否与您的理念相冲突？

原则上我不反对城市土地的经济开发；几乎没有例外，这一直是城市开发的支柱引擎。但是，只有存在强大的公共权力机构能够反对私人投机，城市开发才能富有成效，并且始终如此。这包括保持开放空间，免受商业压力侵蚀。

• 涉及城市规划问题时，国家和商业的关系应该是怎样的？

它们之间的相互牵制应该保持，但需要提高效率。要实现此目的，我们作为建筑师和城市规划师需要制定清晰的导则——更加人性化的城市导则。这需要技术，最重要的是勇气。

这样的勇气在我看来已经消失了。人们想要实际一些，作出的
努力仅仅停留在止损的层面。这导致了庸碌。相较于微小的愿
望，**现实对伟大梦想的摧毁可能更甚**——但仍会有足够的梦想
留下来，并在未来很长一段时间里丰富我们的环境和生活。

第八章　反对购物中心

Against shopping malls

• 您的主要论点是，作为对抗虚拟化的"解药"，城市变得越来越重要。

　　我们正在经历城市品质的复兴；我乐观地期待信息时代的城市。**不计其数的替代品可以通过网络世界获得，正因如此，人们将会寻找并且愈发珍惜真实和现实的事物。**或者说，像圣吉米尼亚诺（San Gimignano）这样的美丽小镇，如今会因为能在屏幕上显示它的虚拟景象，就不那么令人向往吗？

• 城市真的是社会生活最高层次的表达吗？

　　它至少是民主的发源地，民主不是在绿地或者森林中发明和孕育出来的，而是在城市广场中——雅典的广场（agora）。如今，像巴西圣保罗那样巨大并且极为粗暴的城市是社会的地震仪，同时也是文化的集中地。

• 第三世界的许多城市存在无政府状态。

　　确实如此。但是城市的邪恶是由我们自己造成的，我们也掌握着改变事物的能力。

• 您提到，城市规划是政治领域的事情。但实际上，当城市的财政空虚时，投资商们就会越来越多地施加影响。

　　我完全同意。公共当局代表公共利益时常常畏首畏尾。以柏林墙倒塌后的柏林为例，我认为重要的重建基本上搞得不坏。

但是由于担心会让投资商感到恐慌，可以说给他们大开绿灯，几乎整个内城都被改造为办公之城——在我看来这是一个很大的错误。但仍然有理由抱有希望，越来越多的投资商认识到，建筑周边环境的空间和社会品质也会影响物业的价值。

• 您抱怨"商品癖好"，但您的同行雷姆·库哈斯（Rem Koolhaas）却声称购物是城市生活的主旋律。

我非常尊重库哈斯的智慧，但我不赞同他将大都市仅仅解读为一个大的购物中心。对我而言，城市是在最小的空间中将各种不同类型的功能联系在一起的产物。**购物中心不值多谈——它破坏了城市然后试图模仿城市，这是错误的策略。**

• 所以您可能也没有太多时间给游乐园（主题公园），如今很多地方都建造了游乐园。

与购物中心的症结完全一样，游乐园对我而言根本上是对

错误问题的错误答案。生活本身已经充满了体验和欢乐，对娱乐的需求不必通过预先设定的商业设施得到满足。

• 不是每个时代都有它特殊的休闲区吗？

　　当然，总有一些地方人们可以在那里享受特殊的休闲体验。但过去它们不是封闭排外的区域，去那里也不必带着毅然的决心说我终于可以让我自己娱乐了。它们曾经是允许所有可能性的场所，从布道到跳舞，从城镇节日到比赛。**对我而言，预先规划将快乐从生活和城市中分隔到一个专门的地方，令人震惊和沮丧**。

• 这种类型的娱乐区起源于美国，而您是一个欧洲城市的崇拜者。这是不是您讨厌它们的原因？

　　我提倡的是一个不排斥任何社会团体或任何特定功能的城市。我赞成的城市是，生活、工作、购物、休闲的时间和享受

尽可能紧凑地安排在一起，相辅相成。

• 您在因戈尔施塔特（Ingolstadt）项目中不也创造了一种游乐园？在那里您重新设计了奥迪制造城的主入口。

　　恰恰相反，我在那里创造了一系列的广场，真实的公共空间的组合。大的广场与工厂用地的关系，正如主要广场与城市的联系：它是城市的中心广场。该广场最初就有一个明显的功能。它是制造城的入口，需要以那种方式来展示。与此同时，该广场欢迎游客并且引导他们。它的目的至少是成为一个你可以自由活动并享受时光的场所：一个最广义的城市生活的中心。

• 一个雄心勃勃的汽车公司的入口广场却几乎是专门为行人保留的，这难道不自相矛盾吗？

　　汽车的存在是为人们服务并为他们提供便利；这同样适

用于广场。而且尽管它基本上是保留给行人的，汽车在某些情况下也可以使用。整个设计使得实际运行不必在相互分离的不同区域中进行，而是宽容地共存。从这个角度来看，奥迪广场（the Audi-Forum）——绝对是一个非常杰出的场所——对我而言也是当代城市的一个典范。

第九章 所谓本真就是与我们的
生活方式相应

What's genuine is what matches our lifestyle

• 为什么您对城市未来的预测实际上看起来总像是它的过去？

　　因为，正如诺曼·梅勒（Norman Mailer）曾经尖刻的描述，尚且没有更好的（未来）。但除去玩笑话，我描述的城市特征也不尽然全像过去。21世纪的城市需要重新考虑、重新诠释过去传承下来的城市品质。一方面，我们不能让自己屈服于千篇一律的现代城市，被公路、监视器和无差别支配；另一方面，也不能隐退到圣吉米尼亚诺，或者罗滕堡（Rothenburg ob der Tauber）这样的灵魂小镇，流连于它们的美丽以及媚俗。对于未来，我们需要创造我们喜欢生活在其中的城市，在那里人类可以发展自我。为了这样至关重要的未来，我们可以并且**必须诉诸过去已被证明有效的那些措施，而不必再去重新发明。**

• 在您的理想版本中，这样的氛围可能更多是由萨莫色雷斯的胜利女神像（Nike of Samothrace）[1] 定义的，而不是今天的耐克（Nike）训练鞋。

训练鞋——为什么不呢？还有高速的小汽车，它们是对未来主义的暗示——它们也很好。但当我们身处城市之中，我们常常作为行人四处走动，而不是作为司机或运动员。我们在城市里面做什么？我们相互见面、彼此交谈、吃饭、买卖东西、

1　萨莫色雷斯的胜利女神像，Winged Victory of Samothrace，古希腊神话中胜利女神奈基的雕塑。创作于约公元前 2 世纪，自 1884 年起开始在卢浮宫的显赫位置展出，是世界上最为著名的雕塑之一。她也是现存为数不多的主要希腊原始雕像，而非罗马复制品。——译者注

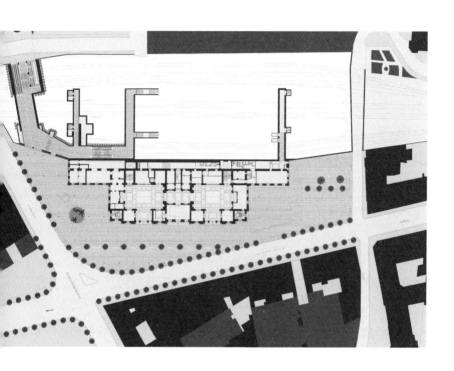

去上班——我们生活。在建筑历史上，一套合适的语汇已经形成，一个可以提供所有这些城市生活的舞台，我们可以在延续的基础上根据自己的需求进行更新。

• 这是不是意味着，我们要根据过去的建筑目录来装点未来的城市？采用老生常谈的所谓"欧洲城市"元素——街道、广场和喷泉？我们是不是要用旧形式表现城市的新内容，就像通信技术之于互联网？

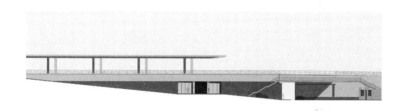

　　互联网是科技基础设施的一个新元素，而不是新内容。不存在城市的新内容这样的东西，因为城市的内容就是它的公民。他们今天的生活可能和一百年或者一千年前略有不同——但他们仍然喜欢生活在有街道、广场和喷泉的城市中。

· 亚里士多德定义了一个城市公共空间的理想尺寸，是人声音的可及范围。我们不应该根据手机的覆盖范围来重新定义广场吗？

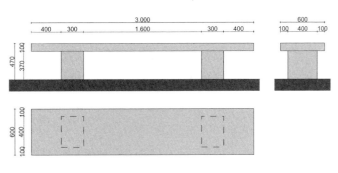

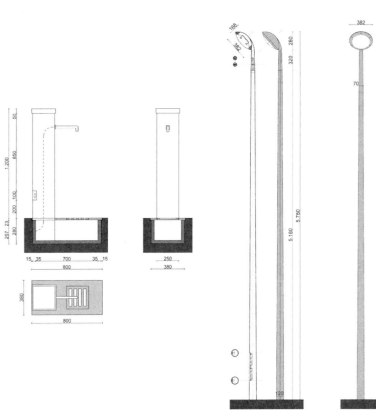

艾比尼泽·霍华德（Ebenezer Howard）提出的花园城市在亚里士多德数百年之后，但仍然是基于这样的基本理念，即城市中的每一个地方都应该从市中心步行15分钟可以到达。在20世纪30年代，弗兰克·劳埃德·赖特（Frank Lloyd Wright）将这个理念整合到他的"广亩城市"（Broadacre City）模式中——只是不再使用步行距离，而采用了驾驶距离。其结果是一种汽车友好型郊区的原型——但已被证明是行不通的。

• 为什么不行呢?

因为采用汽车作为度量标准的城市不适合人类。如果采用手机或者互联网的覆盖范围作为基准，它（城市）也将分崩离析。这种情况不会发生，因为电子通讯尚未取代人与人之间面对面的对话，也永远不会取代。

• 您的想法难道不是"昨日"的?

正好相反，我的想法如此现代，以至于我的同行们都快跟不上了。我既不想回到历史城市，也不想去模仿它。我想用我们自己来丈量它，并将其品质依据我们的现代需求转译到我们自己的时代。

这就避免了僵化的步行区和尺度过大的设施。我认为过时和怀旧的人，仍然觉得城市应该建得像个机器，看起来就像是"进取"号星舰。顺便说一句，他们通常就是那些只吃有机食品，穿着定制西服，读莎士比亚的书，并且住在舒适的老房子里的那些人。

• 没有展望，没有对新的、前所未有的事物的渴望，这能实现吗？有展望的城市规划师难道需要去看医生？

只有那些纯粹为了让自己扬名立万而怀揣宏图大志的规划师需要。 即便是我，也不能完全摈弃不幸已被用烂的词汇"愿景"（vision）。我们生活在今天的城市中：到处都被机动车道路围绕，到处都是黯淡单调的。我们被各种不友好、与我们人类自身发展南辕北辙的事物包围。我们需要把自己从这些事物中解放出来，这是我的愿景、我的希望。这样的场所不存在，尚不存在。但如果我们想要一个那样的场所，我们可以去创造。

• 您的想法是虚拟式的。您是不是一个入错行的预言家？

　　虚拟假设正是城市规划学科的固有内在。城市规划是一个政治议题；作为建筑师，我们只能提出建议。

• 您能以什么方式帮助公共目标的制定？您的计划如何能够进入公共政治领域？

　　我没有兴趣说服他人按照我认为正确的方式生活。我想向人们证明他们可以敢于以他们自己的方式生活。

• 但是那种"大胆"——它不是恰好迎合了那些在城郊使用经济的建筑产品来满足他们居住梦想的人吗？

在任何情况下，我们都不能再以现在这样的方式去继续消耗乡村。未来无论如何都在城市之中——是在密集、紧凑并且因此在许多方面都非常高效的城市之中。

· 您认为城市必定复兴的论点是正确的，从某种意义上说全世界人口都将很快生活在巨大的都市圈中。但这些城市不会是像卡尔·施皮茨韦格（Carl Spitzweg）所描绘的那般景象。

我不是受到不自信情结的困扰，但我得声明我只能谈论欧洲的城市。超大城市将主要在亚洲和美洲发展，而不是在欧洲。巨型城市的问题需要在其他地方解决。但在那里，城市的未来也只能通过合理的城市规划给予。

· 您不认为欧洲城市的未来也有一些东西会从亚洲或美洲来到我们这里？

就目前而言，上海可能有更多东西可以向慕尼黑学习，比后者向前者学习的要多。

• 但可惜不是世界上每个人都可以生活在慕尼黑。显然上海和圣保罗是未来大型城市更为恰当的模式，而它们几乎不适合存在施坦贝尔格湖（Starnberger See）沿岸。

尽管存在各种差异，施坦贝尔格湖和圣保罗都存在一个共同问题：公共空间正被私人空间取代。凸窗、阳台、门廊、购物中心：**私人领域正在迅速扩张进入公共区域。**

• 柏林的波茨坦广场有一个美国式的和一个欧洲式的城市模式相对而立——一边[1]在伦佐·皮亚诺（Renzo Piano）设计的帮助下，玩的是"小意大利"风，而在另一边[2]，赫尔穆特·扬（Helmut Jahn）那华丽的购物中心呼啸而出。但不同的"城市模式"倒有一点是共通的：它们几乎完全由私人销售区域组成，

1　戴姆勒·克莱斯勒（Daimler Chrysler）。——译者注
2　索尼（Sony）。——译者注

有保安并在夜晚关闭。您对于保存良好的公共空间的复兴愿景
难道不会有点脱离现实？

　　至少皮亚诺设计的小尺度的、几乎是风景如画的城市，品
质要比扬那大尺度的大厅空间要有说服力得多。两种城市模式

都有虚假的外表——实际上其中一部分就是虚假的——这种方式当然是可悲的。

• 狭窄的巷道、漂亮的广场、低矮的屋檐：这是一种小型地块的审美，在现实存在的经济角力条件下基本不可行。

将错误的社会条件转化为错误的审美条件有什么意义？当然至少这样一切都是真实的——但它仍然是丑陋的。但替代选择也不是创造一种欺骗性的虚假。替代选择是城市规划的形式具有社会和政治的基础。

• 但是您的"典型城市居民"必须被视为属于"新的经济群体"。未来的城市是不是属于雅痞客户群，他们可以支付得起某种审美的、井井有条的生活方式——然而城市的形态实际上是由各种不同的力量形成的？

不，这正是公共空间如此重要的原因。毕竟，是谁在使用街道、广场和公园？他们也是那些很高兴能够摆脱既狭小又简陋的公寓的人。不光是雅痞和有闲人士，公共空间是为每个人而存在的。它正遭到威胁——由于短视的经济压力。幸运的是，现在让投资商们明白这点变得容易一些了。另一方面，城市的代表们表现得越来越像个投机商。他们想要从城市赚钱，或者他们感兴趣的是让他们的住房、办公楼和百货商店具备有吸引力的公共环境，只因这会抬升地产的价格……

• 十年前，您的文章"平庸的挑衅"*在德国建筑界引起了一场很大的争论。这种争议是否没有必要？因为您现在说，建筑的问题是次要的。

建筑问题不是次要的。但它们排在关于目的、使用和生活的问题之后。它们也排在涉及城市的问题之后，城市首先应该是一个日常性的、延续性的场所。

---

* Vittorio Magnago Lampugnani, 'Die Provokation des Alltäglichen.' *Spiegel* 51/1993 (20 December 1993): 142-7.

• 您认为人类的居住在很长时间其实变化不大。难道我们还住在洞穴之中吗？

居住其实是一件非常保守的事情。看看那些古代的平面图。也许里面有点暗——但原则上你今天还能搬进去住。所需的改进条件更多地与要解决的数量有关。比如我们如何能够成功地使尽可能多的人和谐地共同居住，让他们感觉舒适并以积极的方式发展？

• 但人们不想彼此叠在一起。他们想要全景窗和一个完全属于自己的大起居室。

这只是因为他们没有意识到后果。他们没有意识到，当他们搬到郊区的时候，日常购物之旅就会变成一次远征，或者只是去看场电影也必须计划得像作战般准确。他们也没有意识到占用多少公共经费。建造完全独立的住房需要系统性的补贴。如果居民必须支付一栋绿色郊区中的小房子的真正费用，比方说通往那里的道路以及其他所有基础设施——其中绝大多数都会负担不起。

• 您的想法是不是最终都可归结于一种哲学态度？比方说，您对"建造·栖居·思考"（"Bauen Wohnen Denken"）这篇文章作何感想？

没有太多想法。我真的完全不能理解那篇文章，或是海德格尔哲学。如果要将我的城市规划思想与哲学进行联系，我想到的会是康德的定言令式（kategorischer Imperativ）[1]……

• ……通过建造的方式，使您行为的影响……

你必须清楚的事实是，每个建造都有其影响。你需要愿意

---

1 定言令式，是康德在 1785 年出版的《道德形而上学的基础》（*Grundlegung zur Metaphysik der Sitten*）一书中所提出的哲学概念。康德认为，道德完全先天地存在于人的理性之中。——译者注

为此承担责任。

• "本真"和"真实"两个词汇经常在您的作品中出现。

　　但我通过它们所指的并非海德格尔那黑森林中的小屋。

• 那么您所指的是？"本真"是什么？

　　所谓本真就是与我们的生活方式相应。

• 这听上去像是一种人性观的清晰定义。您发动的新城市之战
也是对抗现代人的战争吗？

　　这是一场为了现代人的战争。为了那些尊重同胞和生活环
境的人们——这种尊重不是强加给他们的，而是他们自己远见
卓识的结果。他们不是出于冷漠，而是因为懂得宽容及其局限。

他们不追随时髦的意识形态，而有自主的意愿，会超脱思考。更确切地说：独立、理性、细致入微。

• 那么您不是一个空想家，而是一个理想主义者？

　　也许吧。而且可能有那么一点远见。

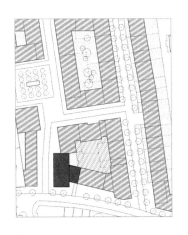

第十章　每座城市都应该形成自己的面貌

Every city has to develop its own face

• 假如有人在一座功能主义的城市中给您一套公寓，而那里的
旧城都已拆除，并被现代的摩天大楼和宽阔的高速公路代替，
您会接受吗？

　　人在任何地方都可以有家的感觉，即便是在想象中那种令
人不适的城市里。所以如果万不得已要接受的话，我会咬牙说
好，但绝不是情愿的。

• 勒·柯布西耶，20 世纪建筑界最有影响力的先锋之一，恰恰曾想把法国的首都改造成那样的大都市。他希望把巴黎旧城夷为平地，为摩天大楼创造空间。他讨厌"驴子路"（donkey paths），即自然发展而来的城镇景观。

城市规划是一项极为复杂的工作，过去许多人的设想都是片面的。 勒·柯布西耶当时主要考虑的是交通、采光、日照和土地利用的问题。他低估了城市居民对于认同感和历史可读性的深度需求。他到底走偏了多远，从他的追随者所犯的错误中可见一斑。他们在 20 世纪 60、70 年代建造的大型住宅区项目上，以技术官僚的方式实施了他的想法。然而，从印度昌迪加尔的建设来看，勒·柯布西耶本人却又成功地创造了一种图式般的、运行良好又相当宜居的城市。

• 很多城市就没有这么幸运了。今天，当您看到巴黎城郊那些荒凉的高层建筑区，德国的中等城镇那些凄凉的步行区，以及

Südfassade

Westfassade

1. Obergeschoss

1. - 4. Obergeschoss

Erdgeschoss

1. Untergeschoss

其他饱受城市规划之害的地方，很容易得出的结论是，帮助城市的最佳方式就是不要让野心勃勃的城市规划师染指。

这个结论有失公允，因为**那样的建筑错误不是过度城市规划的结果，而是太少**。它只是表明人们向短期的政治和经济利益作了让步，而这些因素又以支离破碎的方式影响各个区、地方政府、县和州。有能力、有才华的城市规划师能做的是为城市或者它的局部设计一个整体愿景。至于这样的愿景能否在现实中实现，则是一个政治意愿和权力的问题了。

• 哪里真有这样的实例吗？

看看 1585 年教宗西斯都五世（Pope Sixtus Ⅴ）[1] 用笔直的街

1　教宗西斯都五世（1520—1590），原名 Felice Peretti di Montalto，于 1585 年 4 月 24 日—1590 年 8 月 27 日出任罗马教宗。在位期间在建筑师丰塔纳（Domenico Fontana）帮助下，于 16 世纪末在罗马城东半部，以教堂为中心建设道路网，与罗马城西半部道路网连接，使罗马城的朝圣路线更完善与全面。其规划对近代罗马城的发展有很大帮助。——译者注

Nordfassade

Ostfassade

5. - 6. Obergeschoss

7. - 10. Obergeschoss

11. - 13. Obergeschoss

14. Obergeschoss

15. Obergeschoss

16. Obergeschoss

道将罗马七大教堂连接起来的城市重建规划，它让朝圣者可以在一天之内完成朝圣路线。原本这是一种政治手段，目的是在反宗教改革运动中重建天主教会的世俗影响力，结果却使罗马的基础设施得到了巨大改善，使全城人都受益。它创造了大量的工作机会和经济策略，提高了罗马的土地价值，并推动了总体经济发展。

• 激进的传统主义者，如卢森堡建筑师莱昂·克里尔（Léon Krier），会希望拆掉所有 1945 年以后建造的东西，然后以原有的结构和形式重建欧洲城市。

　　尽管我非常欣赏莱昂的智慧和性情，草率的拆除也是错误的，甚至也不是可行的。此外，**对过去的模仿看起来总归也只是模仿**。而且实际上，我们并不需要给未来的城市开辟任何全新的道路——已经有了不少经过尝试和检验的原则可供我们依循。欧洲的历史城市中心有窄窄的街道、公园、散步道和比例优美的广场。这仍是适用的，甚至是杰出的城市设计范式，因为它提供了人们相遇的可能性，并鼓励他们交流。

• 但大多数当下争论中的城市设计理论，从托马斯·西弗茨（Thomas Sieverts）的"边缘城市"（intermediate city）到库哈斯的"通用城市"（generic city），都不关注城市中心，而是城市郊区。

因为他们以为城市的扩张和边界模糊是不可阻挡的。我不这样看。新的城市主要都是在老城的基础之上建设起来的，而且即便出现了真的城市扩张，新建部分也还是紧凑、具有城市特征的，一直延续到 19 世纪末。拥有高密度的建筑和公共空间的老城中心被重新诠释并传承下来。为什么今天我们要另辟蹊径呢？不管是在伦敦、巴黎、米兰还是苏黎世，真正现代的要素是老城。

• 您出生在罗马，在哈佛教过书，在柏林、纽约、法兰克福、苏黎世和米兰生活过。这些城市中哪个更接近您心目中的理想城市呢？

所谓的理想城市并不存在。这正是 20 世纪 60 年代的错误所在。那时人们觉得可以建立某种放之四海皆准的城市元理论。然而事实正相反，**每座城市都要形成自己的面貌**，比如让苏黎世看起来与威尼斯不同。此外，罗马的城市建筑品质独特，历史区域密度巨大，在我眼中是这个世界上最美的城市。但我在曼哈顿也感到颇为舒适，尽管它历史相对较短，密度却极高，社会融合好，充满令人难以置信的活力。不应忽视的是，这是一个你可以徒步欣赏的美国城市。

• 城市规划的症结是不是在这里——它是由胸怀远大理想和宏伟蓝图的建筑师设计的，但将生活在这种城市中的人却憧憬着像停车场、坡屋顶或花园篱笆这样的小确幸？

那种小资产阶级梦想对城市规划毫无益处。规划绝不能脱离现实，但也绝不能看上去四平八稳。这是为什么我欣赏教宗西斯都五世——因为他懂得，一个大城市的成功规划不仅需要一个大胆而可行的总体概念，还意味着要让人们了解形势。

• 即便了解形势也不能改变一个事实：80% 的欧洲人想住在独栋住宅里。至少在问卷调查中他们是这样说的。

　　问卷的答案总是取决于问题提出的方式和给答卷者的其他选项。一般来说，人都会寻求私密感，想要一个空间宽敞、有花园的家。一个设计良好的城区多户住宅也可以给他们提供这些。如果你再向他们解释，在这个可选城市中，他们将不必为每一个家庭成员配一辆汽车，不用开车去购物中心，也不用每天奔波数英里到学校接送孩子，那么问卷的结果就会不一样了。你知道当下在瑞士有多少未开发的土地正被建造消耗吗？每秒 1 平方米。我们现在大约谈了 5 分钟，这就失去了 300 平方米的乡村。这个数字不到奥地利的一半，不及德国建设量的

十分之一，却还是太大。我们必须停止无缘无故的扩张，我们必须住得更紧凑。这也不乏先例。比如我住的苏黎世第 6 区，正好实现了那种花园、宽敞空间和相对高密度的混合。不幸的是，租金非常高——但也表明这种住宅区是非常有吸引力的。

• 然而负担不起的人只好跑到城市规划师无暇顾及的城郊去了。

遗憾的是，确实如此。你可以看到在巴黎城郊的结果。比如萨塞勒（Sarcelles），曾经是现代主义城市乌托邦成就的代表。但很快人们就开始谈论"萨塞勒症"（sarcellitis），一种困扰高层建筑中与世隔绝的孤独居民的慢性抑郁。如今，萨塞勒是巴黎城郊臭名昭著的社会问题区域之一——当然不可否认，这也与极为糟糕的种族隔离政策有关。

• 尽管如此，今天的城市规划也常常过于短视。许多市长的思想和行动就像投机商，一心要榨干城市中心每一平方米土地的价值。

最近我同一位市长和地产开发商共进晚餐。市长的谈吐像个开发商，只关心快速赚钱，而那个开发商就某个建设项目的长期可持续性提出了一些深思熟虑的问题。原则上我并不反对投机，因为从房地产中获取价值一直是城市发展背后的动力。问题是，创造的价值是否惠及居民、公共领域和城市——还是仅仅为了赚点快钱，然后卷钱溜之大吉。

• 世界上超过一半的人口如今住在城市里，包括高速发展的上海、拉各斯和墨西哥城等大都市。城市规划师想要跟上这些城市的飞速发展想必是很困难的。

城市规划不是尺度的问题。它也不是关于奢侈享受的，而首先是更为合理的土地和建筑资源的使用方式，从而节省其他的东西，比如资金。今天没有人真的想从整体上去规划墨西哥城。而它的局部无疑还可以重新设计——与涉及上层社会区还是棚户区（favela）基本无关。

• 现在很多城市把自己当成知名品牌的公司，试图通过建造标新立异、甚至是惊世骇俗的建筑，在区位优势的竞争中为自己加分——首开先河的就是弗兰克·盖里（Frank Gehry）的古根汉姆博物馆所在的巴斯克工业城市毕尔巴鄂。这也是为什么扎哈·哈迪德（Zaha Hadid）、雷姆·库哈斯（Rem Koolhaas）和诺曼·福斯特（Norman Foster）等著名建筑师像明星一样在各个城市巡回。您认为这样好吗？

请出色的建筑师总是好的。就连贝尼尼（Bernini）和米开朗琪罗（Michelangelo）也是他们时代的著名建筑师，可以在欧洲任何地方设计建筑。只有当建筑名牌像宇宙飞船一样空降到城市上，并对城市的发展贡献甚微时，这才是个问题。**建筑师有时候表现得过于自我放纵，有时候又或多或少在开发商的胁迫下照本宣科地去复制自己的风格**。比如，马里奥·博塔（Mario Botta）几乎很难再设计没有圆形的建筑了——即便他想这样做。

• 社会学家理查德·佛罗里达（Richard Florida）也在为这样的竞争推波助澜。他号称有一个在经济上至关重要的创意阶层，会因为有吸引力的城市环境到一座城市中去生活。

城市一直在努力创造附加的经济价值——包括坚持吸引杰出和对经济有贡献的人。但城市总是可以作为一个由相辅相成的要素混合而成的社区去运转。仅仅吸引某种特定的客户是不够的——要是没有清洁工、面点师、杂货商或教师，这些人是不会长久留下的。社会融合不仅仅是慈善事业的原则，而要以实际的经济利益为基础。

• 想从建筑上获得最佳回报的投资商是很难满足于让清洁工或杂货商作为租户的。

欧洲有不少国家多年来都没有什么住宅建成，而几乎全是办公楼，因为它们在短期内带来了更高的回报率——但现在很多都已空置。投资商如果想在经济上成功，还需要看得更远一些。

• 有时您会不会觉得自己像个传教士，经常呼吁听众要理性行事，但谁能知道即使这样布道也会事与愿违？

完全不会。因为越来越多的地产开发商在以综合、长远的眼光思考，越来越多的人要求创造一种适于步行、混合功能的城市的现代形式。比如，在我米兰的小事务所里，我们的工作不仅是重新设计那不勒斯的历史广场，还有巴塞尔的诺华办公园区——一个科研和管理小镇。客户是一个有眼光但也极其在意成本的制药公司，它正在向高品质的建筑、广场和步行道、公园和基础设施投资。因为只有这样才能吸引最好的研究人员，并提高他们的生产力、创造力和创新能力。

• 您作为规划师有个优势，就是背后只有一个开发商，而不是一大群争斗不休的机构、社区、土地所有者和说客，他们会一点一点地瓦解您的宏大计划。

明智、有远见、果断的城市建筑开发商可谓举足轻重——

即便是一个公司董事也不能忽视他的股东和雇员。诺华园区也被纳入一个巴塞尔市民参与的总体城市发展计划。

此外，即便是过去的独裁统治者也不能像世人想象的那样随心所欲。在恺撒建造罗马共和国广场（Forum Romanum）旁的第一个帝国广场恺撒广场（Forum Julium）之前，他要买下所需的那块地，花了天价 1 亿塞斯特帖姆币[1]（sesterce）！在佛罗伦萨和锡耶纳等中世纪城邦，大型城市建筑工程、广场、桥梁和城墙都是在城市由人民管理期间建造的。在由一个家族治理城市的时期，他们通常只美化自己的宫殿，可能还有教堂，但也就到此为止。即便是在拿破仑三世时期大胆地对巴黎进行了重新组织和现代化的乔治-欧仁·奥斯曼（Georges-Eugène Haussmann），不仅要和皇帝斡旋，还有本地议员、产业主，甚至是租客。

• 我们能从中学到什么？

1　公元 79 年在庞贝，1 个单位可以买到 0.95 公斤小麦。——译者注

对于好的城市规划，独裁统治者既不是一个先决条件也不是保障——没有他们也不是糟糕规划的合理解释。

- 假如一个独裁者给了无限的时间、金钱和资源，在某处为他建造一座全新的城市。那会是什么样的？

但愿没人注意到它是由独裁者委托，并只有一位建筑师规划出来的。城市意味着多元化，而这不能是人为的。城市不能由一个人创造出来。

第十一章　密度与真相

Density and truth

• 今天瑞士有很多人感到正在忍受"密度压力"。他们的感觉对吗?

"密度压力"是主观感受——如果人们觉得有压力,那他们就是有压力。但是,如果你仔细看看欧洲平均每人多少平方米的面积,就会发现虽然瑞士并非一片旷野,但也不是人口密度最高的国家之一。无论如何,我们首先要搞清楚密度意味着什么。

- 请向我们解释一下。

居住在一个特定地区的人数——"居住密度"，和在该地区工作的人的密度，是有区别的。而"建筑密度"指建成区，又是不同的概念了。建筑密度可以非常高——但如果所有的居民都要求人均 100 平方米，那么居住密度仍将会很小。

- 我们离那个水平还很远。但人均空间需求一直在增加。

是的，而结果是矛盾的。在苏黎世有一些住宅区正在翻新并提高（建筑）密度，但在工程结束时，住在那里的人数还是一样的：只是人们居住的空间更大。

- 与其他国家相比，瑞士的"密度水平"如何？

瑞士平均每平方公里约有 200 个居民。在荷兰，欧洲人口最稠密的国家，这个数字是 500。如果你将瑞士和意大利进行比

较，这两国人口密度相似——意大利每平方公里也就不到 200
人。德国每平方公里有 230 个居民，英国是 260。所以你可以看
到，瑞士人口密度并不高。

• 您是不是忘记去掉不能住人的地区，比如阿尔卑斯山？

意大利和德国也有山区。如果你只看瑞士高原，那必然的
结论是，这个国家没有任何空间上的问题。瑞士的问题更多的
是如何对待乡村。人们住在非常分散的地方。乡村的人口蔓延
才是问题，而不是绝对的人口数量。

• 任何开车穿过瑞士高原的人都会很快明白你的意思。没人想要我
们现在的城市蔓延，但这就是现实。只不过，它是怎么发生的？

主要是基于一个梦想，以为每个人都需要拥有自己的小房
子才能幸福。

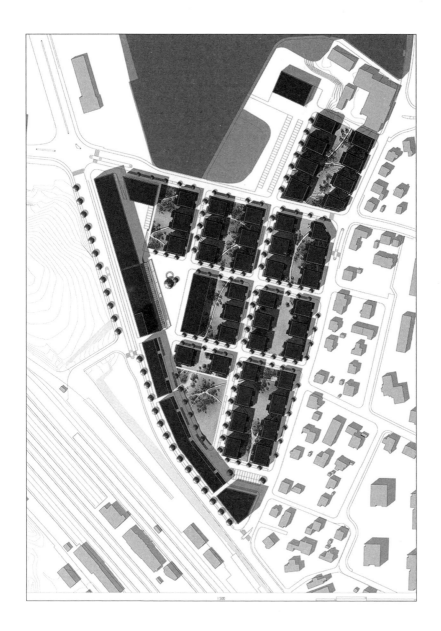

1:500

• 不过，这样的愿望很多人都觉得很可以理解。您知道它原本
出自哪里吗？

　　城市历史学家罗伯特·布吕格曼（Robert Bruegmann）在他
的著作《蔓延：一部紧凑的历史》（*Sprawl: a Compact History*）
中提出假设，蔓延起源于封建式的生活方式。每个人都想拥有
自己的"乡村城堡"。独栋住宅是凡尔赛宫的微缩版本："我的
家就是我的城堡。"对于布吕格曼来说，这代表了一种成就，因
为它意味着城堡已经民主化，让每个人都负担得起……

• 好像您会对此有不同意见！

　　是的。独栋住宅的梦想在经济和生态上都毫无意义。除此
之外，这是一个我们负担不起、也不应负担的一个幻想。人们
需要明白，如果他们住得紧凑一些，就会为乡村留出更多的空
间。但如果不这样，他们就会将乡村的土地耗尽。这样的话，
剩下的将只有城市蔓延和被彻底破坏了的自然景观。这将意味

着从人们手中夺去让欧洲如此之美的东西——那辽阔的原野和几乎尚未被人染指的自然景观。

• 尚未染指？瑞士是连最后一块耕地都用在农业上的典型——还是说这也是个谬传呢？

不，瑞士的耕种区，果园、田地和牧场，在生态和美观上的价值都不亚于阿尔卑斯山。而且总的来说，瑞士管理农村的方式是欧洲的典范。

• 您的预测是，不管怎样在未来 50 年中我们的居住密度都会更大——只是因为情况所迫。到那个时候，几乎就再没人能选择乡村小别墅了对吗？

预测通常都是错误的。但有一点是肯定的：如果今天我们要使城市郊区的实际成本变得透明，包括通勤、污水和能源的开销——郊区需要的能源是紧凑城市的两倍——那么即使在今

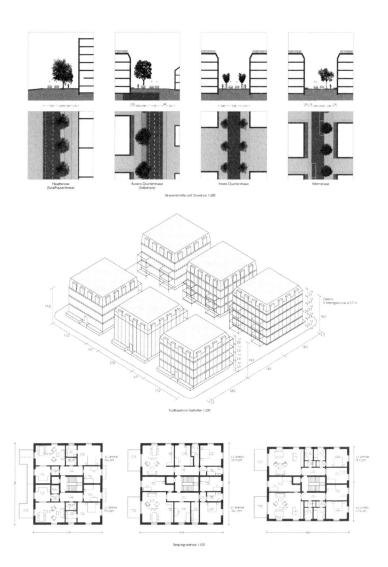

天我们都负担不起。如果按照"谁污染谁付费"的原则，公平地分摊这些成本，那么即使在富裕的瑞士，也很少有人愿意或者能够负担住在独栋住宅里。

• 确实，在郊区生活由于通勤减税得到了财政上的支持，而公共交通成本又不透明。但是，取消这些激励措施就是正确的吗，即使这意味着人们必须在通勤上花费更多？在政治上这是可行的吗？

假如不掏人们的钱包就能改变他们的行为，那是很好的。但不可能，我不会立即要求成本透明。这对依赖现行制度的人来说是不公平的。但是，有些财政的激励措施的建立是错误的，包括支持建造业主家庭的自住公寓。在德国，情况甚至更为极端，他们那里有住房社会储蓄制度。在瑞士，这里也有极其发达的地方交通网络。一方面这很好，但也使得人们能够住在城外，每天早晚通勤都很便宜……

- ……结果又造成了更多的城市蔓延。

是的。鱼与熊掌不可兼得——当然也不可能没有任何副作用。从政治上说，我希望逐步调整这种有害的激励措施。而最重要的是，我会通过区域规划来考虑城市到底应该往哪里扩张，不应该往哪里扩张。否则，我们将建造出新建筑鳞次栉比的街道，却绝对不是我们想要的东西——那实际上最终是由瑞士铁路公司规划出来的。毕竟，他们的商业模式是以获得尽可能多的用户为基础的。

- 您会建议什么其他方法？

我不想谈论方法，而是要强调人们的责任感。令人欣慰的是，我们对环境的责任感已经变得更强了，特别是年轻一代。最终，这也是责任感的问题，你是想沉迷于一个你并不真正需要的带花园的房子，还是能满足于一个精致的、窗外绿树掩映、院内枝叶繁茂的城市公寓。

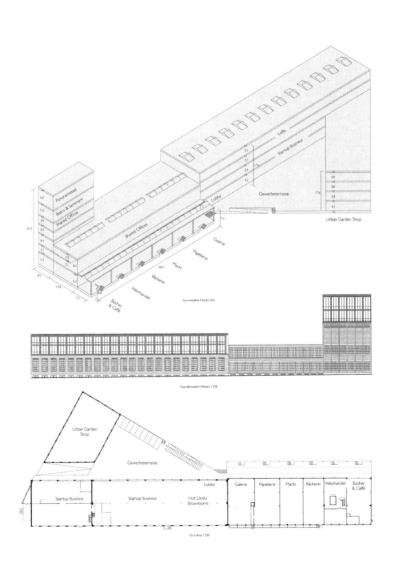

• 然而，尽管对于可用空间和环境保护的意识已呈上升趋势，并很可能越来越高，但对一些环境而言可能为时已晚，不是吗？

当然，正因如此，我们现在的所作所为更加重要：我们正在通过政治和新闻传播，让人们看到每个人如果都只顾自己享乐将会付出的经济、生态和社会代价，以及失去的生活质量。以为让邻居离你 20 米甚至 100 米远而不是 10 米才更好，是鼠目寸光、大错特错。

• 这听上去开始有点家长做派了。树立一个榜样，建造吸引人、可以作为典范的新区难道不够吗？

许多我们称为居住习惯或居住文化的东西都是个谬传：它伴随我们长大，在人们的头脑中根深蒂固。树立榜样是重要而且必要的，但还不够。你需要不断地努力说服人们。目的是让瑞士人和欧洲人看到，他们必须要停止划拨新的建设用地，否则整个乡村就会被吞噬。悬崖勒马！因为每个人都同意"城市蔓延"是糟糕的，每个人都认为我们需要住得更紧凑——但每个人都会觉得这应该是别人的事，与我无关。这就是为什么有些人出于"密度压力"的考虑投票支持设置移民限额——但话音未落，他们就开始为奢华的湖景住宅浇筑混凝土地基，恭候高素质的移民搬入其中。现在城郊的建筑项目几乎仍然都是住宅区！作为一名建筑师，如果你在城市的外围城镇里提出任何一丁点城市建筑的方案，那实际上就没有机会在竞赛中获胜了，因为投资者们害怕紧凑的公寓是卖不出去的。

• 今天人均有 45 平方米的生活空间可以支配。在 1980 年，这个数字还是 34 平方米。建设得更密集，可能也意味着我们的生活空间会更少。45 平方米已经太多了吗？我们都需要作出牺牲吗？

我们生活在今天，拥有令人难以置信的奢侈空间，而我们理想中的公寓甚至是这个的两倍大小和一半成本。我认为我们的标准是夸张的。但我也认为，如果我们住得更紧凑，减少人们号称所需的建筑间距，这个标准还是可以维持的，而乡村

也能保留下来。生活的空间大小是一样的，但是建筑的密度会
更高。

• 这样的话，我们是要建得更高吗？这是另一个争论的焦点，
特别是在新的高层建筑街区。

　　只需要4层到6层，你就可以达到相当高的密度，并且相
当紧凑。你可以通过为人们的舒适共处提供特定的设施来吸引
人——虽然彼此靠近提高了"感受密度"，但这些设施也能提供

私密性。那么，城市中就需要创造足够的开放空间：公园、优美的广场、庭院、带拱廊的街道。最优的密度并不意味着到处盖起 60 米高的建筑。

• 以您看来，什么是合理的密度水平？

在大城市的卫星城，每公顷约 300 人。这大概对应着一个普通甚至空间宽敞的欧洲城市。容积率，即建筑面积与场地面积之比，理想情况是介于 2 与 3 之间。建于 19 世纪的住宅区大约是这样的容积率，在中世纪则高得多。如果要调整到那样的密度水平，就可以容纳相当多的人。若是准确地计算一下到底有多少人会非常有趣。我们的城市往往根本没有被充分利用。绝大多数独栋住宅和花园城郊的居住区，比如苏黎世的施瓦门丁根（Schwamendingen）街区，容积率都低于 1。几乎每个时代的每座历史城市都比现代城市密度大。那时住得更紧凑的问题要紧迫得多，因为城墙内的空间有限，运送物资更费工夫。所以人们自然而然地就会消耗较少，并采用便于获取的材料建造。从这个角度来看，相比我们今天，中世纪人的空间意识和生态观要好得多。

• 施瓦门丁根并非建于中世纪，而是20世纪40年代。为什么那时人们开始建造这么低的密度？

这是对19世纪过度密集的城市的一种回应，那时疾病、流行病肆虐，卫生条件难以容忍。但是，19世纪的城市令人不快，原因并不在于太小的空间中容纳了太多的建筑和公寓，而是公寓拥挤不堪。三四个家庭挤进了原本给一户用的空间之中。

• 如果试着想象一下30年后瑞士的样子，您的理想是什么？

我的理想是有相对密集的、更大的城市，并像苏黎世、巴塞尔、洛桑、日内瓦和卢加诺那样，进一步良性地发展。但瑞士所有美妙的小镇也应该继续存在和发展——一直到村庄的层面。这正是一再被人们遗忘的：传统的村庄极为密集，往往比城市更密集。村里的房屋总是紧密地挨在一起，因为它们需要免受外部威胁的保护。他们必须节约资源，因为农民知道他们必须保护土地。特别是在山区，那里寸土寸金。村里的街道一般两米宽。由于四周都是旷野就认为村庄不密集，是一个错误的观点。当你进入一个村庄时，瞬间一切都会变得狭窄——而当你离开时，它就会戛然而止，展现在眼前的便是一片乡野。

对我来说，另一个理想是拆除一些现有的独栋建筑和平庸的住宅区。那里单调的一排排房屋只不过是按间距建造的，中间仅有剩余的空间——然后为田野和果园腾出空间。

• 您认为应该拆掉施瓦门丁根吗？

这么说吧：如果我们更经济地管理土地，施瓦门丁根是可以保留下来的。那样才能负担得起在这座城市中保留这个密度极低的绿洲，它最终也会成为那个时代和我们历史的一种表达。尽管是基于我反对的城市规划原则建造的，但在我看来，施瓦门丁根无疑还是有一些城市特征的。我们可以，也应该保留施瓦门丁根，但它必须是一个例外。如果将施瓦门丁根继续作为一种标准——实际上它已经成为标准很久了，尽管模仿之作比它本身的问题还要多——那么它将是不可持续的。

第十二章　我们仍需学会高瞻远瞩

We still need to learn long-term thinking

• 瑞士建筑工业在处理土地和空间上是否有效率呢？

比其他很多国家都有效率，但仍然太浪费了。在乡村地区的土地利用还有许多问题。

• 这难道不是事物的常态吗？

只要与建筑相关，就没有什么事物的常态。建筑是一个极为人工化的过程，涉及到经济、法律和其他机制，这些都是可以控制的。消耗乡村土地不应该如此有吸引力。对于个人而言，如今在开敞的绿地中建房，比在内城翻新和扩建一栋建筑要容易和便宜得多——那是一项复杂和昂贵的业务，而且结果可能出人意料。**我们需要制定一种激励机制，鼓励先提升城市并地尽其用，然后再转向乡村。**

• 是不是获得新建设用地太便宜了？

　　是太便宜也太容易了。如果真的计算一下开发一块新地意味着什么，包括所有的基础设施，那么总价就会变得很高。而将这分摊给想在那里建房的人是不公平的。

- 所以地方政府为基础设施的成本分担得太多，而私人开发商太少？

　　完全如此。

- 许多事在政治上是由区一级决定的，这样的管理是否不妥？

　　如果更多地由国家层面来管控住房可能会好一些，尽管这也不是非常容易。因为对于各区来说，彼此之间开展竞争是非常容易的，这种情况在瑞士、意大利和德国都一样。比如，莱比锡（Leipzig）曾有很长一段时间反对在城外郊区建设改善家居条件的超市和购物中心，而试图提升内城并让投资商到那里

去。结果是，超市和购物中心都建到了相邻的地区，正好在城市的边界线上。

• 所以各州之间相互协调的规划会更好？

在瑞士国家层面上优化它可能还要更好。

• 在您看来，今天的区域规划是否不够好？

我能做的只是看结果，并且发现那不是很好。

• 如果控制建设方案的既不该是市民也不该是市场，那么应该是谁呢？

政治——国家层面的政治。对于市民、投资商或是地区议会的领导，始终保持全局观是很难的。人们心里总是想着自己的房子、自己的地区和自己的购物中心。这就导致了一种既得利益的叠加，而不是合理、全面、和谐、可持续的规划。

• 但是与大众政治意愿或市场相背离的规划几乎是不可能出现的。

　　问题在于如何达成大众的政治意愿。市民可以提出他们的喜好，但需要一个专业的人向参与者、官员和经济学家解释其决定的后果。**纵观历史，真正有深远影响的伟大城市规划方案在提出时通常都不是很受欢迎**。如巴黎的里沃利大街（Rue de Rivoli），拿破仑一世想要建造，一开始非常不顺利，因为没人想在建造街道时总是使用相同的立面和拱廊，而且还有诸多限制。但今天里沃利大街是欧洲乃至世界上最美的街道之一。它在经济上也很成功，尽管是在很久以后才实现的。我们仍需学会高瞻远瞩。

• 假如存在合适的机构，瑞士能否取得这样的成就？

　　如果说有任何可能的地方，那就是瑞士了。因为它非常富

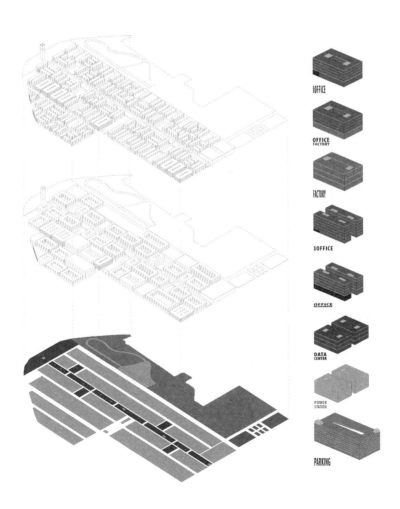

有、又很小，可以成为一个创新的典范，青史留名。

• 这有什么实例吗？

　　愿景雄伟的宏大工程通常都会有些曲折，因为无法看到它的直接效益。我们中很少有人会长远考虑，更不用说为后几代。但凡自问一下：我们的孩子会怎么想，我们在城市规划上所做的许多事就会截然不同。**我们需要从传统中发展出现代的城市规划，因为我们了解的一切城市规划手段和机制都来自过去。我们可以尝试在这个基础上归纳演绎，发展创新。**

• 关于建筑的品质与价格，瑞士与其他国家相比如何？我们总是听到关于这里建筑过于昂贵的指责。

　　瑞士的建筑更贵，但也更好。当然，一栋房子在荷兰的成本只有瑞士的一半。只不过房子相差甚远。瑞士的建筑品

质完全不同，因而有完全不同的使用寿命和性能水平。可能
在瑞士有时缺乏精明的权衡：何时大笔的投资是值得的，何
时可以缩减投资。但关于房子在德国或荷兰更便宜这样的一
般性结论是短视的。通常的误解是：这些国家是先锋，而瑞
士是落后的。但或许瑞士才是先锋，而它的邻居需要迎头
赶上。

• 您认为在哪里廉价的建筑才是有用的？在工商业吗？

　　原则上，我反对建筑中的短视思维，不管涉及哪种使用类
型。我更愿意在升级上省钱，因为建筑室内可以在相对间隔较
短的时间内改造。但建筑的外表，对城市规划和景观都有实质
影响的结构，应该是经久耐用的，并且有足够好的材料和美学
品质，让我们可以在很长一段时间中使用它。

• 在某种意义上，现在是否有足够多的地产开发商或业主是长
远考虑的？

所幸头脑中只有短期利益的开发商越来越少了。他们当中大多数都想进行长期投资，而我们实际上也与他们形成了一种共识，去寻找与城市共赢的做法。

• 这是最近以来的动态吗？

今天正在发生某种角色转换。传统上是城市或地区（部门）代表了公共利益，支持高品质和持久性，而投资商则希望尽可能又快又低成本地实施项目。这种情况近来已有所改观。不幸的是，如今政府部门好像常常忘了他们有长远考虑的义务，而很多投资商现在对出色的品质更感兴趣，甚至是周边区域的品质。他们认识到建筑所在的周边环境和建筑自身一样重要。

• 那是市场导致了这样的情况？

　　这和之前伦敦的情况一样，那时贵族和上流阶层在他们房子的周边，规划并投资建设了美丽的广场和公园，由于绿地和开放空间为他们的土地带来巨大的增值，额外的投入是值得的。

第十三章　当代城市缺乏愿景

I can't think of a single contemporary city
that has developed a vision for itself

• 在城市规划领域，欧洲是否有明显的趋势，还是每座城市都各行其道？

城市有许多共同的问题，特别是在欧洲。但采取的解决办法各有千秋。

• 这些共同的问题也有相似的原因吗？

最普遍的问题是城市的持续扩张、城郊的蔓延。当然，与此相关的是，城市中心也处于危机之中——尽管这并不一定意味着它们在空心化。老的城市中心都在寻找现代化与拆除之间的新定位。

• 您提到城市中心正在失去作为中心的功能，单中心在向多中心转移，核心消失……

……这个核心是否真的在消失或许还有待商榷。我认为城市中心仍有作为中心的功能。然而，巨大的住宅区和工业园区已经在其周边发展起来。它们又形成了较小的次中心和各自的基础设施，但在大多数情况下，它们都没有什么城市特征和公共场所。一切使城市重要、宜居，并使之成为社会化媒介的东西，在这些外围地区都是缺乏的。在我看来这似乎成了**今天城市规划的主题：城市边缘的城市化。**

• 城市规划的目标始终是建设能够带来良好生活品质的城市。城市边缘的城市化有什么问题吗？

　　创造良好的生活品质应该始终是城市规划的目的。但建设也一直与盈利、建筑投机和地产投机的目标联系在一起。我不想听上去像是在做道德上的说教，而且一定程度上我也不认为这值得担忧。尽管就目前而言，我的印象是当下只关乎利益，而设计一个值得生活的美丽城市的理想已经丧失。此外，城市规划作为一个学科已经进入了一种危机状态。似乎不仅没有任何政治意愿想使城市恢复运转的秩序，而且实现它所需的手段也不再像 19 世纪末之前那样容易获得。

• 您的意思是像奥斯曼男爵（Baron Haussmann）这样的人物当
时在巴黎以"尽管放手去做"为原则的机会?

"尽管放手去做"是个先入为主的假想。不要以为第二帝国
的巴黎长官能够随心所欲。相反——有议会、市委员会，他要
面对规划法律，要与土地所有人打交道。像奥斯曼这样的人需
要处理的复杂事务，堪比我们今天面对的既得利益群体、各种
标准和障碍等错综复杂的局面。

• 在您 1995 年出版、广受讨论并重版数次的《持久的现代性》
一书中，您唤起了人们已失去的关于持久的价值观，并与今日
泛滥的变化无常进行了对比。尽管您一直在奋力疾呼，但您是
否看到了什么地方在朝着持久的改善努力呢?

在实践中还没有。但在人们的头脑中有——不仅是我的同

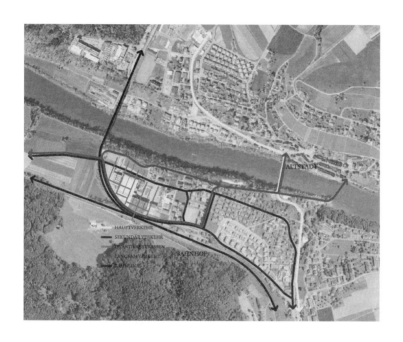

行，也包括大众。

• 您常常形容您的同行是保守的"石头"派，与进步的"玻璃"派相对……

……我不属于任何派别。我只是不认为使用玻璃就是一种现代的万能处方，而且对于当代城市也肯定不是什么灵丹妙药。恰恰相反，我认为玻璃在城市环境中实际上是一种相当难用的材料，因为它很难与其他材料进行对话。同时，我也不知道玻璃哪里进步，石头哪里保守。**材料本身在原则上并没有任何观念；它们最多是以代表观念的方式来被使用和阐释。**

• 您认为城市发展是一个可控的过程，还是必然会随波逐流，因为不同的建筑师有不同的想法，会不可避免地产生矛盾？

　　我认为，今天的城市发展已经成为一个七拼八凑的事情，简直要命。**城市发展的使命始终是从各种各样、有时相互矛盾的既得利益群体中提炼出一些东西，从而建立尽可能广泛的共识，并在原则上是为公共利益服务的。**在我看来，这方面毫无改变。制定城市规划并不意味着将所有事物混为一谈，强制它们统一起来。它只是将各种意愿以一种方式结合在一起，最终产生对所有人、而不仅仅是对个体有用的结果。

• 成功的建筑和成功的城市规划在多大程度上能够建立认同感？

　　每一个好的建筑，每一个好的城市规划都会带来一种认同感。

• 20世纪70年代的建筑倾向于使人们迁移和疏远，在此之后，您认为现在是否有一种新的建筑又在形成，能让人们有一种身份认同感？

至少到目前为止，这已成为人们都意识到的一个话题，创造身份认同感如今也是对每个建筑师的期望。它是否成功主要取决于建筑师的能力和才华。

• 关于改变社会的方式已有许多讨论——比方说，人们的客厅里将有虚拟的工作场所。建筑该如何应对所有这些尚不确信的预测？

我认为，建筑师确实对社会发展的方式作了假设，也应该根据这些假设来设计建筑。但我也相信，他们需要将大量的自由空间纳入这个过程，而不必先入为主地决定用途。应

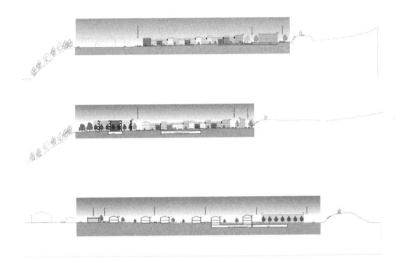

该留有足够的余地，满足各种我们现在无法预见的使用类型。我们无法预知自己未来的生活是什么样的，即便是不久的将来。

• 您希望未来是什么样的？

我希望城市再次成为像家一样温馨、亲切的场所，同时也是令人兴奋的地方。这里有两个主要问题：首先是城市中心。在那里，我所看到的问题并不是一个建筑学的问题，而是一个使用问题。我们需要防止那些仅仅以商业为导向的规划和使用方式，而让人们仍能居住在城市中心。

　　第二个主要问题是城郊，因为我们在那里建造了相当舒适的私人住宅设施，却没有为公共场所提供任何东西。那里几乎没有人们想在一起会面的地方。这个会面的功能就必须由城市中心承担，但它们又无法满足所有。所以我们要做的就是**把城市中心的一些特征试着注入城郊地区**。

• 城市规划能发挥什么作用，尤其是在商业成为主导、城市仅被当作商业场所的时代？

　　它可以发挥核心且极富成效的作用。但主要不是权力的问题，而是关乎愿景。这正是我们所缺乏的。就我自己而言，至少我想不出有任何一个当代城市已经提出愿景——罗马、米兰、苏黎世、法兰克福，都没有。这对我而言就是头等大事。当然，此后还需要实现这种愿景的手段。而其中绝大多数策略都已存在，只需加以利用：一旦做出决定，比方说，人们应该居住在城市中心，那么就可以用建筑规范、税收等手段去进行引导。

• 它的目标是什么？

目标是拥有让人们可以舒适生活的城市，具备所需的一切基础设施，通勤只要很短的距离，寻找方向十分便捷。城市有亲切的面孔，有高品质生活的地方，让你可以享受生活。

• 但是，商业发展的速度与城市规划师和城市开发商应对的能力之间，是不是已经出现了越来越大的差距？

城市规划通常是在应对而不是主动行动，这是因为它没有愿景。如果它真有愿景，本可以将商业和社会中隐藏的潜力引导到向好的城市发展道路上去。城市规划和发展如果只是疲于应对形势，将不可避免地沦为一场惨败。其实无所谓形势所迫，都是我们自己造成的。

第十四章　片面思维是人性化城市的敌人

Monocausal reasoning is the enemy of the human city

• 在您的新作《20世纪的城市：愿景、设计、建筑》*中，您介绍了城市规划领域的许多愿景和理想家。但您自己却非常低调。为什么呢？

在任何意义上，我都不是一个客观的历史学家。但我试图全面、公正地呈现20世纪的面貌，展示我赞同和厌恶的各种潮流。我不会像学究那样评判好坏，但对**各种话题的选择以及我探讨它们的方式，必定会给那些历史描述一种主观性。**

• 20世纪最人性化的城市规划愿景是哪个？最不人性化的是哪个？

---

*   Vittorio Magrago Lampugnani, *Die Stadtim 20. Jahrhundert: Visionen, Entwürfe, Gebautes*. 2 Vols. Berlin: Wagenbach, 2010.

遵照城市的历史发展过程介入，而不去破坏或否定它的方法，以及旨在改善和优化它的方法，通常都是成功的。比如，我现在想到的是第二次世界大战后奥古斯特·佩雷（Auguste Perret）的勒·阿弗尔（Le Havre）重建。按照勒·柯布西耶的原则，试图从根本上更新城市的方法失败了。勒·柯布西耶认为，旧的城市是一个再也无法运转的机器，它在摧残人类的精神、扼杀主动性。在他看来，那样的城市必须被替换，就像替换一个机器。**但城市不是机器。**

• 许多设计是通过理性，通过美学形式、几何形状、图案或规则性给人留下印象的。严格的几何特征是人性化城市的敌人吗？

不，**当用片面的思维来使其合理化时，那才是人性化城市的敌人。**例如，规划一个适合汽车的城市，或者规划一个让住宅获得最充分日照和空气的城市。这太片面了。一个好的城市永远是一个复杂的城市，必须应对大量变化因素和不同的需求。

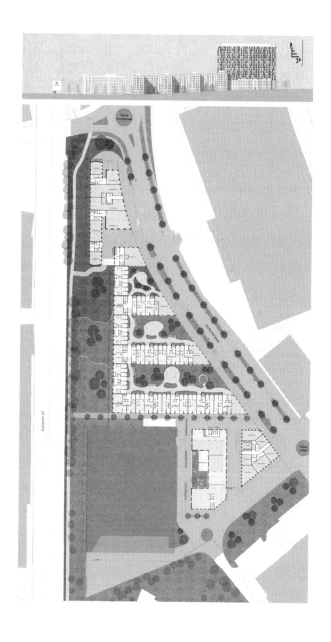

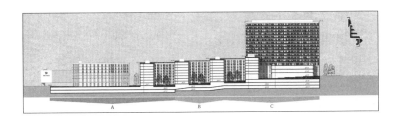

• 您设计的诺华制药园区就是一个工作和研究的城市。您的城市设计明确区分了居住区和工作区。您认为这个园区继承了哪些 20 世纪城市规划的传统?

它继承的传统是，以创造性、但充满敬意的方式介入城市，相信城市仍然由街道、广场和公园组成，**通过公共空间、建筑物之间的空间来定义城市**。

• 您在书中介绍了生于里昂的建筑师托尼·加尼耶（Tony Garnier）1917 年发表的工业城市（The Cité Industrielle）规划。加尼耶明确区分了居住区和工作区，诺华园区也是这样。这是您对园区的理想吗?

不。**一个有吸引力的、运行良好的城市兼具这两种功能（居住和工作）**。在诺华园区，由于它有特定的目的，居住区和工作区之间的划分是预先确定的。这个园区就是一个研究之城。但它有商店、餐馆、健身中心和幼儿园。因此，它包含准城市的混合功能，对这个区域的生活质量贡献良多。

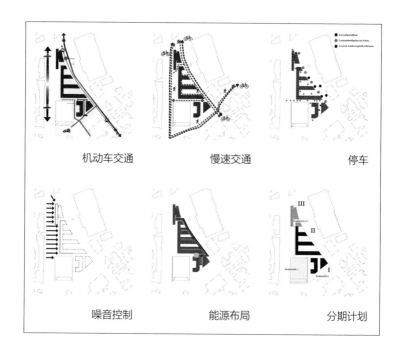

机动车交通　　　　　慢速交通　　　　　停车

噪音控制　　　　　能源布局　　　　　分期计划

• 您呈现了多种多样的城市理念，但有一个进行了特别深入的剖析。在所有内容中，您为什么重印了西班牙建筑师阿图罗·索里亚·马塔（Arturo Soriay Mata）在第一次世界大战之前为"线形之都"（Ciudad Lineal）所作的 10 点计划？

　　线形城市的概念是有一定预见性的——**城市不再是一个真正的城市，而是一个分散居住的策略。这显然是今天各国肆虐的城市蔓延的滥觞。**不仅有苏联城市所谓的"反都市主义

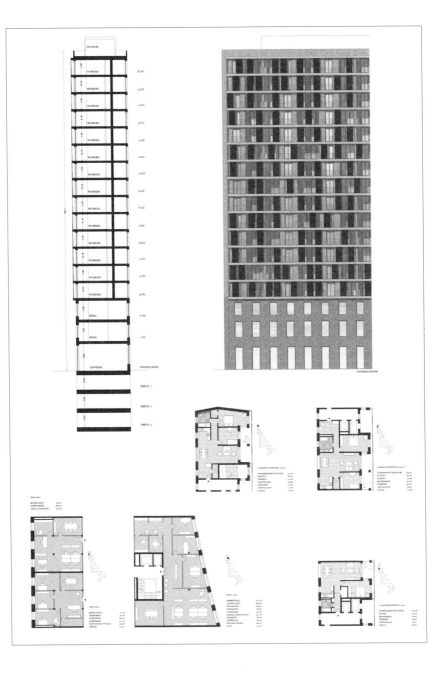

者"（Disurbanists），还有勒·柯布西耶的"光辉城市"（ville radieuse），以及弗兰克·劳埃德·赖特的"广亩城市"，都可以追溯到"线形城市"。

• 在威尼斯的建筑双年展上，丹麦馆展示了一个线形城市方案。丹麦人将他们从哥本哈根经赫尔辛堡（Helsingborg）一直到马尔默（Malmö）的街道城市称为"环形带"（Loop）。这是一个愚蠢的想法吗？

只能遗憾地承认现状如此。在苏黎世，城郊铁路的建设导致更大的城市蔓延深入周围的乡村。城市在溢出，人们就向城外寻找住所。凭借良好的交通网络，他们能够快速到达市中心。需要问的是，我们是否真的要支持这么做。这究竟带来了什么样的生活品质？这归根结底是任何一种城市规划都要面临的关键问题。

• 巴塞尔此时也有一个是否应该建设城郊铁路系统的争论。您怎么看？

城郊铁路并不会强化城市，而是强化了城郊。不管怎样都需要仔细考虑城郊铁路系统的后果。只要建造了一段线路，就会带来一个城市的延伸。**首先要做的是考虑能否使城市更加密集。能使它更紧凑吗？能使它的边界更清晰吗？**如果所有这些都还不够，那么才可以考虑扩大城市。

• 仅靠市场经济能否使城市规划发挥作用？还是国家干预是绝对必要的？

除了极少数例外，城市总是按照市场经济的原则发展。投机活动一直是每个城市发展的核心因素。

• 那么规划的前景如何？

如果公权力足够强势且足够明智，他们可以用规划的方法指导发展。他们必须去谈判，用投资商从城市土地中获得的收

益值，换取一些对公众有益的东西。开明的资本家始终清楚，公共广场不仅是装饰，而是使城市宜居的重要手段——同时提升地产价值。伦敦的广场是为提升邻近地块价值而空出的私有场地。纽约的中央公园，如果周边的土地所有者没有认识到它会增加地产的价值，也就不可能存在。

• 听起来好像您在赞美投机行为。

不，并非所有的投机者都足够明智到，想让自己富有也让城市富有。我们需要公共利益的代表。在 18 世纪的英格兰，有些地产开发商计算的使用时长是 100 年。但现在很少投资公司有这样的规划远见。

• 有些新的城市是基于一个总体规划建立的。这种城市比自然发展起来的城市运行得更好吗？

如果规划是好的，城市就会运行良好；但如果规划不好就不行。

• 其中哪些是好的呢?

有一些，比如，从古希腊人按希波达莫斯网格（Hippodamian grid）建立的城市，一直到意大利法西斯统治下建造的城市。

• 您在书中对意大利法西斯统治下建造的城市评价高得惊人。

这些城市大多数都在空间和建筑上颇具吸引力，并发展得不错。规划师既巧妙又创新性地处理了广场和街道的元素。比如罗马南部的萨包迪亚（Sabaudia）和拉蒂纳（Latina）等城市中都有广场群，这些连续的广场各有千秋、引人入胜、颇受居民喜爱。

• 如果您从制度上比较一下民主和社会主义，哪个建设城市的方式更人性化呢?

以机动车道划分城市的汽车城市思想起源于民主国家，并得到了实施。但它是片面的、强迫性的，在某种意义上是相当专制的。

• 您认为地区规划中到底有没有什么积极因素？任由城市蔓延发展会更好吗？

不。没有地区规划，一切都会更糟。我们不是需要更少的规划，而是更多。但首先，我们需要的是**一种更好的地区规划形式，并从三维的和设计的角度去思考——一种建筑类型（architectural type）的城市规划**。

• 从根本上说，城市规划师是极力支持差异的：既需要乡村也需要城镇。这种看法正确吗？

我坚定并且满怀热情地支持城乡之间的差异，也支持各个城市之间的差异。城市需要保留和发展自己的特色。当然也有不同的看法——赖特的"广亩城市"就截然相反。那种做法否定了城乡之间的差异，也不希望有任何城市，只是让人平均分布在乡村。赖特厌恶城市就像厌恶瘟疫。而我热爱城市。

- 人口均匀分布的乡村有什么样的特征？

平心而论，我们都会推崇库尔特·图霍夫斯基（Kurt Tucholsky）的理想：街的一头是选帝侯大街（Kurfürstendamm）或皮卡迪利街（Piccadilly），另一头是楚格峰（Zugspitze）或是本尼维斯山（Ben Nevis）。一种城市与自然的结合、声色交辉与鸟鸣山静的结合。但既然这样是不可能的，尤其是在大众社会，**那么让城市以城市特征为主，将自然留在城外是更合理的**。城市蔓延的可怕之处在于它创造的既非城市又非乡村。

- 作为提高密度的支持者，您可能也是高层建筑的支持者。

认为只能通过高层建筑实现更大的密度是一个误解。根据

我们的建筑规范，高层建筑并不一定意味着高密度。在欧洲的
条件下，既有的最大密度是由 4—6 层建筑实现的，其间有大小
合理的开放空间。用这种建筑也更容易设计出比例良好、并有
舒适休闲品质的公共空间。

• 高层建筑正在成为一个争论的主要问题。您怎么看？

　　我不会先入为主地反对城市中的高层建筑。但我不喜欢它
们通常在城市设计中实施的方式。这就是为什么我在书中有一
章是关于摩天大楼城市的，它主要讨论的是纽约洛克菲勒中心
（Rockefeller Center）。洛克菲勒中心是世界上少数用高层建筑创
造出新颖、高品质城市空间的案例之一。它与纽约的街道系统
相连，有自己的步行道和广场，还有一个我很喜欢去的地下购
物区。洛克菲勒中心建成之前，一位贪婪追求利润的洛克菲勒
家族成员与公权力的管控之间曾发生了很长时间的冲突。然而
这个冲突带来了一栋对大众有共同价值的建筑。

• 这意味着什么？需要社会尽可能强势地介入那种高层建筑项目吗？

我会得出的第一个结论是，**高层建筑不应该成为独立的项目。它们必须融入城市环境中。**高层建筑在规划的地段中合适吗？还是建在那里仅仅因为开发商恰好有那块地？如果对那个地段是合适的，周边需要有些什么呢？洛克菲勒中心的高层建筑四周都形成了极有吸引力的空间。

• 我们可以从中得出什么结论？

公众应该参与其中，而不应该等到人们竖起路障，建筑批评家写出激烈的文章，就像路易斯·芒福德对当时的洛克菲勒中心那样。**社区的需求和反对意见必须在一开始就纳入一个系统组织的过程中。**

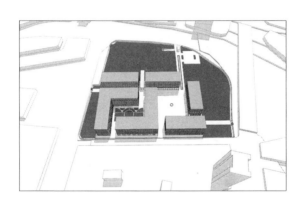

第十五章　居于绿地中，仍在城市里

Living in green areas, but inside the city

• 当开车穿过瑞士中部时，您会看到乡村和城镇，但却很难准确判断出它们的起止边界。自东向西横贯瑞士旅行的人往往会有一种窒息感。您能明白那种感受吗？

当然。旅行的人会注意到没有任何迹象表明乡村规划是经过协调的。但我要补充一点，在我出生的意大利以及许多其他欧洲国家实际上看起来更糟。

• 过去几十年间城市蔓延发展到乡村，您认为最重要的原因是什么？

最重要的是一个事实：中产阶级，也就是绝大多数的人，在滋长一个梦想。它看上去是个人的，但实际上是集体的：拥有自己独立住宅的梦想。实现这个梦想耗费了大量的土地。而且这个过程也没有任何协调。经济和政治的标准占了主导。地方政府机构各自为政，使得区域规划合作困难重重。更糟糕的是，税收竞争将乡村变为迅猛发展的地区，即使它们的基础设施无法应对这样的增长。

• 瑞士是一个小而发达的国家。偏远地区正在成为有吸引力的居住地，但人们会继续在城市工作。这似乎是一个不可逆转的趋势。

不尽然。你需要进行真正的成本核算。不管怎样，独立住宅会比城市街区中的公寓消耗更多的能源。而能源正在成为越来越重要的成本因素。对于建设通向偏远地区的城郊铁路也要更加谨慎。**我大力支持公共交通，但它也在鼓励人们大批撤出城市。**

• 换句话说，在 20 世纪 70 年代到 90 年代正当年的那一代人，具备实现拥有自己住宅梦想的经济能力。而子孙后代就不再负担得起。在乡村保护与公平之间难道没有矛盾吗？

别无选择，只能小心保护仅存的未开发地区。但我们必须证明生活在密集的城区是有吸引力的，而合理的举措在乡村也是可能的。

• 您的设想是怎么做呢？

想在乡村生活是一个合理的需求。但关键是也要让乡村的建筑密度更高。这不是说人们就不能拥有自己的花园。如果开放空间不是专供私人使用的，而是公共的，那它们就会更大、

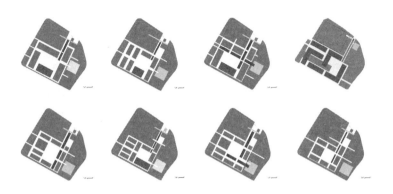

效果更好，当然也更生态。乡村已经有一些非常温馨，同时具有都市性的居住区。我们需要住得更紧密，必须在共同的基础上思考和行动。

- 这是实现增长而不消耗更多土地的关键吗？

我觉得是。而且我会支持提高已有建成区的密度，使蔓延的城市和村庄成为清晰可辨的居住区。比方说，**人们常常让建筑离街道太远**。对隐私的需求可以在背面的房间中得到满足，而公共的房间应该在沿街的一侧。噪音隔离可以用技术手段实现，这样沿街而建就不会遭到反对。此外，城市中的建筑显然可以建得更高。这就会使得瑞士功能多样的城市中心更具吸引力。诚然，**城市居民也渴望并需要绿地**。伦敦、巴黎和柏林的公园举世闻名，它们为这些壮丽的城市增光添彩。瑞士的城市

公园也需要维护和照料，并在可能时扩大。

• 为了使回归城区的生活具有吸引力，就需要树立榜样。

　　榜样并不少。比方说，20 世纪 20 年代苏黎世就有合作社住宅。那些建筑在今天再度大受欢迎。当然，那时的公寓设计得相当小。现在一家人需要它两倍的大小。但这可以通过建筑设计的方法解决。即使在一个密集的居住区中，一个凹阳台或屋顶露台都可以设计成一个小绿洲。在我看来，20 世纪 60 年代伯尔尼附近的哈伦小区（Halen Estate）就是巧妙提高密度的一个典范。此外还有很多其他的例子。我们需要带着责任感和想象力行事。在一个好的城市或好的居住区中，各种设施一应俱全。

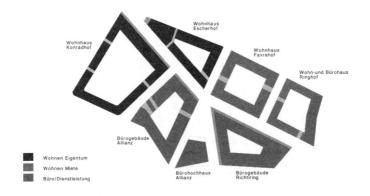

Wohnhaus
Escherhof

Wohnhaus
Konradhof

Wohnhaus
Favrehof

Wohn-und Bürohaus
Ringhof

Bürogebäude
Allianz

Wohnen Eigentum
Wohnen Miete
Büro/Dienstleistung

Bürohochhaus
Allianz

Bürogebäude
Richtiring

第十六章　城市之美需要代价

Wir sollten Schönheit etwas kosten lassen

- 苏黎世被认为是一个整洁有序的城市。但当人们漫步城中，反而感到城市架构错综混乱。这是为什么呢？

    是的，建筑之间的不和谐会令人不适。这是因为，在私有土地上，人们可以随心所欲地建造任何房屋。

- 是政策导致了既定规范的缺位吗？

    若将所有责任归咎于政策，未免有些草率。我们的建筑师也没有为现代、紧凑和愉快的城市共同生活，提出足够令人信服的模式。

• 我们的苏黎世联邦理工学院，有世界上最好的建筑系之一，但您却说建筑师没有提出足够的想法。问题出在哪儿呢？

这是因为我们的注意力始终集中在个体对象之上。人们必须建造漂亮的建筑。当然我们可以这样做——至少我们其中一些人。**然而城市设计的艺术，建筑与街区整体之间的联系，却被不负责任地忽视了。**

• 在苏黎世当下就有一个有关大学街区的案例。许多人担心社区将被新的医院建筑群毁掉。如何保证社区未来的生活质量？

我不想评论大学街区。我自己曾与同事提出方案，但没有被采纳，恕难置评。我可以说的是：大学街区的设计本应是一个整体，然而却被独立分割完成，事后才试图将各个建筑相互联系起来。整个流程也可以更加透明。

• 那么市民参与呢？

这不仅是一个社区，而是关乎苏黎世这个城市。城市将会获得一个不同的面貌。苏黎世人应该明确知道，他们身上将会发生什么，并且还有机会表达所想，畅言发声。

• 要使社区变得更好，什么是必须的？

必须按照已被采用超过 3000 年，直至 20 世纪仍在使用的城市设计的方法来设计城市：**首先绘制一套街道和广场的系统，即公共空间，然后将其他区域分割成地块用于建造**。然而今天恰恰相反。先是建成单独的地块，然后有人，通常是景观设计师，不得不考虑如何收拾残局。这是错误的。

• 这只是瑞士的问题吗？

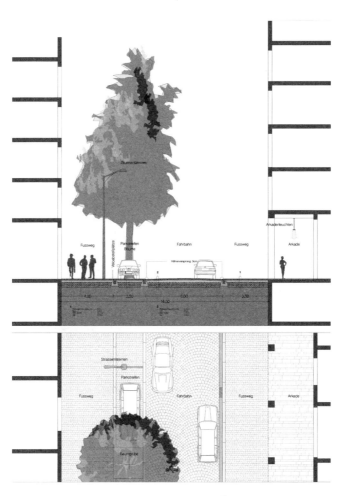

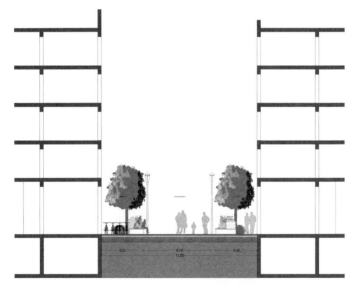

　　这在瑞士特别明显和令人痛心，因为这个国家拥有成熟的设计文化，以及许多优秀的建筑师，却没有真正起到作用。当然问题是全球性的。如果设计止于物业边界，则无法创造一片完整的城市。

• 您常常强调，城市反映社会。我们当下的货币自由主义，是否也表现在城市规划毫无可能性？

　　我基本上是一个乐观主义者，我相信仍有办法。然而我也认为，如果每个土地所有者仍能自由支配他们的地块，并且地价仍像今天一样无法控制，我们的城市将彻底沦为建筑主题公园。

• 这种控制应通过政策实现。城市或国家如何干预？

　　首当其冲，城市土地价值的迅猛增长——我们谈论的是在20年间10倍至30倍（苏黎世是40年间4至10倍），必须得

Neue Winterthurerstrasse

0   10   20   30   40   50

到控制。这不仅不公平，也使得我们的城市太过昂贵。较低收入的阶层甚至中产，都被驱逐出城市。为此，房子被超级富豪购买，他们不但不居住在那里，只把它们当作投资对象，甚至连出租都不愿意。**城市只是一张巨额存折，空荡荡地丧失了所有细节和所有基础设施**，从幼儿园到商店都是如此。我们所热爱的欧洲城市的一切，以及使得它们成为全球成功模范的所有特质，都在消失。

• *作为建筑师，您怎么处理？比如您在瓦里塞伦镇（Wallisellen）设计的住宅区。*

虽然瑞希提地区（Richti）[1] 的那块用地只允许我们设计所有权范围内的区域，但它有 7 公顷，对于一个小型社区的建造，已经足够大了。否则，我们必须将公共空间考虑在内，或者是创造新的公共空间，正如苏黎世的船厂广场（Schiffbauplatz）

1　瑞希提地区位于瓦里塞伦镇，原为一块工业用地。维多里奥主持城市设计，将其改造成一片商业和居住混合的街区。——译者注

的商业建筑案例 [1]。

• 建筑师只能修补（而不是从一开始就设计好）城市吗？

　　是的，因为我们所处的体系不允许对城市整体大动干戈。这是由经济和所有权条件导致的。另一方面，如果公共部门比如城市发展办公室能够进行干预，会有所帮助。洛吉耶（Marc-Antoine Laugier），可能是 18 世纪最重要的建筑理论家，有一句漂亮的名言。他说，城市必须是多元的，因为只有那些能为我们的快乐带来多样性的人们，我们才会真正喜欢。他还说过，建筑外表的设计绝对不能任由其主人的兴致所至。

• 您在负责瑞希提街区之前设计了诺华园区的总体规划。您遵循了哪些准则呢？

　　首先，我们设计公共空间，街道和广场，然后观察它们

1　船舶广场案例，指苏黎世西区的一个城市改造项目。——译者注

之间产生的地块，决定合理的实验室和办公建筑的类型。然后，我们尝试说服建筑师，绘制出如同 20 世纪 20 年代英国评论家爱德华兹（Trystan Edwards）在他的书《建筑的好坏姿态》（*Good and Bad Manners in Architecture*）中所描述的好姿态的建筑。**房子应该如同举止得体的人。**人们什么时候举止得体呢？当他们彼此接近，对话倾听，相互体贴周到时。这会成就一个好的社会，以及一个好的城市。从这个角度来说，巴塞尔的明星建筑师们在诺华项目上，获得的效果相对一般，瑞希提项目表现出色许多。

• *它们都有历史案例参照。今天的建筑师是否对历史内容知之甚少？*

　　我们不能模仿过去的城市及其元素，这只会产生赝品。但我们可以并且必须了解产生那些我们喜欢并且成功的城市元素的过程。它们是将人类生活需求转换为建筑形式的可学经验。

• 我们能否借鉴历史模式来提高我们的城市密度，以应对今天的挑战？

最高的建筑密度，即建筑可用面积与用地的最高比例，在苏黎世是老城区。在我看来，它也是一个很好的城市设计模式。但也有不那么极端的例子。贝克公园（Bäckeranlage）和约瑟夫绿地（Josefswiese）周边的第5、第4区甚至第6区，都是密度较高的住宅区。

• 这是对摩天大楼的抗议吗？

这只是对条件反射式地（Pavlov's association）将密度等同于摩天大楼的观点的抗议。没有高层建筑，我们也可以非常高密度地建造。我并不是说城市中的高层建筑都是不可接受的。但必须非常明智地、只在某些特定的地方建造它们，因为高层建筑周边的公共空间很难处理。

• 苏黎世还在建造越来越多的高层住宅。这有意义吗?

　　只有置于城市的更大愿景中，才能回答这个问题。

• 它是什么样的?

　　伟大的愿景不可能凭空出世。不管怎样在我看来仍不存在。
然而它是迫切需要的：不仅仅是苏黎世，每个城市都是如此。

• 比如欧洲大道（Europaallee）这样的新项目。

　　欧洲大道确有争议，但它毕竟是一个整体。就其本身而言，
它在结构上是连贯的。在整个城市中，它只是一个片段。

• 苏黎世西区也不见得更好。

　　是的，简直糟糕透顶。周日拾步穿梭苏黎世西区是我的主
要城市体验之一。另一个是驾车驶过苏黎世湖北侧的山丘。在

瑞士如画般的美景中，散落矗立着这些呆板丑陋的大型建筑，毫无意义和品位，不禁令人自问，这一切怎么可能发生。

• 为什么会这样？那里投资巨大。

　　绝对地，豪华并且丑陋。所有试图整合它们的尝试似乎都失败了。历史村庄都有一个很好的结构。但与当时创造它们的村民不同，当下大多数建造者只希望尽可能地与他们的邻居保持距离。所以（现在的建筑之间）没有（城市）空间。

• 10 年后城市看起来会是什么样？

　　这取决于你行动与否。苏黎世是一个美丽的城市，我喜欢在那里生活。但它也很脆弱，因为那些最美丽的街区，每个人都喜欢居住其中，从第 6 区到霍廷根（Hottingen），承受着不断新建建筑导致丧失特色的风险。那将是一个巨大的损失。正因为如此具有吸引力，苏黎世也成为了一个经济发展非常成功的城市。但即便如此，**城市的美不会凭空而来，我们应当为此付出代价。**

访谈来源

　　书中呈现的对话是在不同时间、不同地点、不同场合，接受不同人的访谈。为了适于本书出版，它们都经过了较大的改动。

第一章　建筑与持久
Interview mit Rita Capezzuto, September 1999

第四章　向老的城市格局学习
Eine Architektur der Zukunft ohne Visionen, Interview mit Verena Schindler,
　　in: Neue Zürcher Zeitung.

第五章　城市是兼容并蓄的卓越场所
Die Stadt ist ein Ort der Toleranz par excellence, in: Die Weltwoche, Nr.27, 3.
　　Juli 1997, S.22-23.

第六章　如有必要就拆掉它！对明智城市规划的请求
Notfalls abreissen! Ein Plädoyer für städtebauliche Intelligenz, Interview mit
　　Willi Wottreng, in: Die Weltwoche, Nr.29, 19. Juli 2001.

第七章　城市规划需要清晰的导则

Städtebau braucht formulierte Leitlinien, Interview mit Hans-Peter von
Däniken, in: Der Tages-Anzeiger, 2. Juli 2002.

第八章　反对购物中心

Wider die Shopping Malls, Interview mit Roberta De Righi, in: Die
Abendzeitung, München, 12. Juni 2002

第九章　所谓本真就是与我们的生活方式相应

Echt ist, was Shanghai muss von München lernen, Interview in: Süddeutsche
Zeitung, Nr.73, 28. März 2003, S. 17.

第十章　每座城市都应该形成自己的面貌

Für viele Menschen braucht es viele Ideen, Interview mit Harald Willbenbrock,
in: Das Magazin, Beilage des Tages-Anzeiger, Nr.03/2008, S. 30-37.

第十二章　我们仍需学会高瞻远瞩

Das langfristige Denken müssen wir noch lernen, Interview in der Beilage Bau
und Immobilien der Neuen Zürcher Zeitung, Zürich, 15. November 2005.

项目来源

Construction drawings architecture: Gunter Henn with Cord Wehse

第三章　现代与美

Novartis Campus Basel and Fabrikstrasse 12

Planning: 2000

Construction: 2003-2014

Client: Novartis International AG

Collaboration: Jörg Schwarzburg, Jens Bohm, Markus Mangler, Fleur
　　Moscatelli, Stephan Schöller, Francesco Porsia

Construction drawings architecture: Peter Joos, Christoph Mathys with
　　Patrick Walser

Landscaping: Peter Walker and Partner, Vogt Landschaftsarchitekten

第四章　向老的城市格局学习

East Hanover Novartis Campus

Planung/Planning: 2002-2004

Construction: 2005-2014

Auftraggeber/Client: Novartis Pharmaceuticals Corporation, East Hanover, N.J.

Mitarbeit/Collaboration: Jörg Schwarzburg, Carlo Fumarola, Sandro
　　Laffranchi, Markus Mangler, Stephan Schöller

第五章　城市是兼容并蓄的卓越场所

Schlossberg Bebauung Böblingen

Competition: 2004

Client: City of Böblingen

Collaboration: Jens Giller, Markus Mangler, Maria Silva Perez

Landscaping: Wolfgang Weinzierl with Marlene Heichele

第六章　如有必要就拆掉它！对明智城市规划的请求

Färbi Areal Schlieren

Studienauftrag/Invited competition

Planung/Planning: 2004

Auftraggeber/Client: Färbi Immobilien AG

Mitarbeit/Collaboration: Fleur Moscatelli, Jörg Schwarzburg

Landschaftsarchitektur/Landscaping: Wolfgang Weinzierl mit/with Marlene
　　Heichele

Graphik/Graphic design: Patrizia Zanola

第七章　城市规划需要清晰的导则

Dräger Lübeck

Invited competition: 2008

Collaboration: Jens Bohm, Marlene Dörrie, Francesco Porsia

第八章 反对购物中心

Science City Zürich

Studienauftrag/Invited competition

Planung/Planning: 2004

Auftraggeber/Client: ETH Immobilien und/and Stadt Zürich

Mitarbeit/Collaboration: Konstanze Domhardt, Markus Mangler, Anne
     Pfeifer, Jörg Schwarzburg

Landschaftsarchitektur/Landscaping: Vogt Landschaftsarchitekten

Graphik/Graphic design: Gottschalk+Ash Int'l

Verkehrsplanung/Traffic engineering: Patrick Ruggli, Ernst Basler+Partner

第九章 所谓本真就是与我们的生活方式相应

Stazione Mergellina Napoli

Planung/Planning: 2004-2005

Realisierung/Construction: 2005-2010

Auftraggeber/Client: Metropolitana di Napoli spa

Mitarbeit/Collaboration: Katharina Keckeis, Romano Brasser, Ellena Light,
     Francesco Porsia

Kunst/Art: Gerhard Merz

第十章 每座城市都应该形成自己的面貌
Werk Bund Stadt Berlin
Planung: 2016-2017
Client: Deutscher Werkbund Berlin
with Marlene Dörrie and Markus Tubbesing
Collaboration: Ferdinand Schmidt

第十一章 密度与真相
Städtebauliche Testplanung, Bülachguss Area, Bülach
Studienauftrag/Invited competition
Planung/Planning: 2012
Auftraggeber/Client: Allreal-Gruppe
Mitarbeit/Collaboration: Marlene Dörrie, Francesco Porsia, Lukas Hüsser

第十二章 我们仍需学会高瞻远瞩
Audi Innovation Campus
Studienauftrag/Invited competition
Planung/Planning: 2015

Auftraggeber/Client: AUDI AG, Ingolstadt

Mitarbeit/Collaboration: Marlene Dörrie, Francesco Porsia, Max-Emanuel
　　Mantel

第十三章　当代城市缺乏愿景

Arealentwicklung "Quelle Eglisau", Eglisau

Studienauftrag/Invited competition

Planung/Planning: 2014

Auftraggeber/Client: Leemann + Bretscher gruppe

Mitarbeit/Collaboration: Marlene Dörrie, Francesco Porsia

Landscaping: Wolfgang Weinzierl with Marlene Heichele

第十四章　片面思维是人性化城市的敌人

Studienauftrag Nidfeld Kriens

Studienauftrag/Invited competition

Planung/Planning: 2016

Auftraggeber/Client: Losinger Marazzi, Luzern

Mitarbeit/Collaboration: Marlene Dörrie, Jens Bohm, Francesco Porsia,
　　Lukas Hüsser

Landschaftsarchitektur/Landscaping: Atelier Girot

第十五章　居于绿地中，仍在城市里

Novartis Head Offices, Santo Amaro, São Paulo

Feasibility Study

Planung/Planning: 2012

Auftraggeber/Client: Novartis Pharma Brazil

Mitarbeit/Collaboration: Francesco Porsia, Lukas Hüsser, Benedetta Marinucci

第十六章　城市之美需要代价

Richti Quartier, Wallisellen, Zürich

Planung/Planning: 2007-2010

Realisierung/Construction: 2010-2014

Auftraggeber/Client: Allreal-Gruppe

Mitarbeit/Collaboration: Jens Bohm, Francesco Porsia, Fiona Scherkamp

图书在版编目(CIP)数据

城市设计作为手艺/(瑞士)维多里奥·马尼亚戈·兰普尼亚尼著;陈瑾羲编译.—北京:商务印书馆,2021
(2023.7重印)
(建筑新视界)
ISBN 978-7-100-19452-5

Ⅰ.①城… Ⅱ.①维… ②陈… Ⅲ.①城市规划—建筑设计 Ⅳ.①TU984

中国版本图书馆 CIP 数据核字(2021)第 025965 号

城市设计作为手艺

〔瑞士〕维多里奥·马尼亚戈·兰普尼亚尼 著
陈瑾羲 编译
尚晋 严维梣 校

商 务 印 书 馆 出 版
(北京王府井大街36号 邮政编码100710)
商 务 印 书 馆 发 行
北京通州皇家印刷厂印刷
ISBN 978-7-100-19452-5

2021年7月第1版 开本 880×1230 1/32
2023年7月北京第2次印刷 印张 8¼
定价:85.00 元